纺织服装高等教育"十三五"部委级规划教材

U0392274

Adobe Illustrator

服装效果图
绘制技法

第 2 版

张 静　编著

东华大学 出版社

·上海·

内容简介

本书共包含五章内容，介绍用 Adobe Illustrator 软件绘制服装效果图的方法。第一章介绍 Adobe Illustrator 软件的特性与基本操作；第二章介绍绘制人体动态、五官及发型的步骤方法；第三章介绍多款服饰配件的绘制方法；第四章详细讲解不同面料质感的服装效果图的表现技巧；第五章分类赏析不同风格服装画，并加以点评。书中提供了大量精选案例，对绘图步骤的介绍详细，顺序安排由浅入深，使读者通过学习与练习，具备使用 Adobe Illustrator 独立绘制服装效果图的能力。

本书适用范围广泛，既可作为高等院校服装设计专业学生的教材，也可作为服装设计师、时尚插画师，及相关领域从业人员和美术爱好者的辅助读物。

图书在版编目（CIP）数据

Adobe Illustrator 服装效果图绘制技法 / 张静编著. —2版.
—上海：东华大学出版社，2018.2
ISBN 978-7-5669-1331-9

Ⅰ．①A⋯　Ⅱ．①张⋯　Ⅲ．①服装设计–计算机辅助设计–图形软件　Ⅳ．①TS941.26

中国版本图书馆 CIP 数据核字（2017）第 313898 号

Adobe Illustrator 服装效果图绘制技法（第 2 版）
ADOBE ILLUSTRATOR FUZHUANG XIAOGUOTU HUIZHI JIFA
编　　著 / 张　静
责任编辑 / 冀宏丽
封面设计 / Callen
出　　版 / 东华大学出版社
　　　　　上海市延安西路 1882 号
　　　　邮政编码：200051
出版社网址 / dhupress.dhu.edu.cn
天猫旗舰店 / http://dhdx.tmall.com
营销中心 / 021-62193056　62379558
印刷 / 上海锦良印刷厂
开本 / 889mm × 1194mm　1/16
印张 / 8　字数 / 290 千字
版次 / 2018 年 2 月第 2 版
印次 / 2021 年 8 月第 3 次印刷
书号 / ISBN 978-7-5669-1331-9
定价 / 49.80 元

前言

日新月异的科技发展对服装设计师的素质提出了更高的要求。目前，手绘服装效果图的形式逐渐被软件绘图所代替，电脑软件具有表现形式多样、便于储存修改、易于复制传输、提高工作效率等优势，因此掌握电脑软件来表现设计构思已成为服装设计师的必备能力。

本书所介绍的 Adobe Illustrator 软件堪称是常用绘图软件中的佼佼者，它应用广泛，具备人性化的操作界面，易于各行业人员掌握；它拥有富丽的色彩配置方案，可完成层次细腻、色彩丰富的效果图；它所提供的工具箱，能够便捷地实现多种图案与服饰配件设计；对它的浮动面板善加利用，便可结合艺术创作手法绘制风格新颖多样的服装画；此外，Illustrator 作为矢量图形设计软件的特性，使用它绘制的作品修改方便，并具备符合印刷要求的品质。

本书作者从事服装设计和电脑服装效果图教学十多年，业余担任"穿针引线服装论坛"服装画 / 服装设计手稿与服装设计软件版块版主数年，在使用 Adobe Illustrator 绘画过程中，深感 Adobe Illustrator 绘制服装效果图和款式图之方便，而市面上介绍 Adobe Illustrator 在服装设计领域应用的相关图书又过于稀少。为方便服装专业学生、服装及图案设计师、服装绘图师、时尚插画师及其他相关人员快速、扎实地掌握 Adobe Illustrator 软件的具体操作，提高学习和工作的效率，故将多年 Adobe Illustrator 绘画的心得与案例融会贯通编撰成书，循序渐进地讲解绘图方法与技巧。

本书共包含五章内容。第一章介绍 Adobe Illustrator 软件的特性与基本操作；第二章介绍绘制人体动态、五官及发型的步骤方法；第三章介绍多款服饰配件的绘制方法；第四章详细讲解不同面料质感的服装效果图的表现技巧；第五章分类赏析不同风格服装画，并加以点评。书中提供了大量精选案例，对绘图步骤的介绍尽量详细，顺序安排由浅入深，使读者通过学习与练习，具备使用 Adobe Illustrator 独立绘制服装效果图的能力。

本书适用范围广泛，既可作为高等艺术院校服装设计专业学生的教材，也可作为服装设计师、时尚插画师，及相关领域从业人员和美术爱好者的辅助读物。

撰写过程中，编者所凭一己之力毕竟有限，感谢孟兆芝和高磊两位老师的帮助和指导。对于本书中存在的不足之处，恳请各位读者予以批评指正。

编者

目 录

第五章　Adobe Illustrator 服装画赏析

第一章

Adobe Illustrator 与服装效果图

第一节　电脑服装效果图概述

一、电脑服装效果图的意义

服装设计师需要借助服装款式图或服装效果图的形式表现设计构思。在电脑尚未普及之前，这些工作完全需要手绘完成，手绘这种形式固然生动，但其工作量较大、修改不方便，且手绘效果基本取决于绘图者的手绘能力。现在利用电脑可以更出色地完成设计任务，而且使用电脑软件进行服装设计表现具备手绘无法比拟的优势：

① 能够实现丰富细腻、形式多样的画面效果；

② 复制、撤销等操作方便，提高绘图效率；

③ 能够快速完成色彩搭配与图案设计；

④ 可以逼真地模拟面料质感；

⑤ 便于储存、传输和展示；

⑥ 对绘图者手绘能力的依赖程度有所降低。

众所周知，电脑软件的开发与升级相当频繁，这点和服装潮流快速更迭的本质极为相符，新开发的软件，或者软件升级的新工具、新操作都有可能激发设计师的创作灵感，有助于完成更具创意的设计作品，因此，对于服装专业在校生与服装设计师而言，掌握与服装设计相关的电脑软件是衡量设计表现能力的重要条件。

二、Adobe Illustrator 在服装设计中的应用及优势

在众多绘图软件中，性能优越的 Adobe Illustrator 作为矢量图形设计软件的应用相当广泛，并且非常适用于服装设计领域。目前，在国外服装行业，使用 Adobe Illustrator 绘制服装款式图与服装流行预测效果图是非常普遍的；在国内，Adobe Illustrator 也逐渐被越来越多的服装设计师所使用。

与其他软件相比较而言，Photoshop 和 Painter 固然在绘制服装效果图方面具有画面效果细腻等优势，但它们只能输出位图图形格式，在输出和印刷方面处于劣势。作为矢量图形设计软件的 Adobe Illustrator 因其操作简便、色彩丰富、效果出众等特点，无疑能担此重任，尤其是在绘制服装效果图方面，其表现服装效果的精彩程度、绘画风格的多样性，是同类软件 CorelDRAW 所难以超越的。

三、图形图像基本知识

学习电脑软件绘制服装效果图的过程应该是循序渐进的，首先需要了解一些必要的图形图像基本知识。

（一）图形的类型

图形图像文件分为矢量图形和位图图形，这两种类型的图形各有特点。

1. 位图图形

位图图形也称点阵图，是由像素组成的，像素的多少决定图形的质量和大小，其分辨率越高，图形显示效果就越清晰。当对图形进行缩放、旋转或变形时，图形质量会降低。

2. 矢量图形

矢量图形是基于数学方程计算而绘制出的图形，组成矢量图形的元素包括点、线、矩形、多边形、圆和弧线等形状。矢量图形具有文件小，缩放、旋转或变形操作后图形不会失真等特点。我们可以通过图 1-1-1 观察到，当一幅服装画作品作为位图图形经过放大后其质量下降，服装的细节完全看不清楚；而当它作为矢量图形（.AI 格式）经过放大后的服装细节依然清晰如初。

作为位图图形放大后的细节

作为矢量图形放大后的细节

图 1-1-1　位图图形与矢量图形放大后的细节对比

（二）图形分辨率

分辨率是指画面的精细度，通常是以每英寸内的像素点，即 ppi（pixels per inch）作为分辨率的单位，单位面积内的像素点越多，图形的清晰程度越高，所呈现的细节也就越丰富、细腻。将我们的作品储存为位图图形格式时，如果需要对作品进行印刷，其分辨率的设置应不低于 300 ppi；若仅需用于屏幕显示或网络传输，设置为 72 ppi 即可，可以减小图片的大小，提高浏览与传输效率。

（三）颜色模式

对颜色的处理是各类设计软件的重要功能之一，为了在电脑操作环境中表达色彩，需要把颜色表现成各种数字形式的模型，用量化的数值来诠释颜色。由于成色原理不同，不同颜色模式决定了图像颜色在显示、打印时的效果不同。

1. RGB 模式

RGB 是最基础的颜色模式，显示器、投影仪、扫描仪、数码相机等设备都采用该模式。RGB 模式中的 R 代表红色、G 代表绿色、B 代表蓝色，以这三种颜色作为基色，赋予每个基色从 0 到 255 的亮度范围，利用光的混合原理，进行互相叠加可以形成自然界中的所有色彩，如图 1-1-2 所示的是 RGB 模式下

Adobe Illustrator 软件的"颜色面板"，R、G、B 颜色取值分别为"255，255，255"时为白色。

图 1-1-2　RGB 模式

图 1-1-3　CMYK 模式

图 1-1-4　灰度模式

2. CMYK 模式

CMYK 模式中的 C 代表青色，M 代表洋红色，Y 代表黄色，K 代表黑色，这是基于印刷领域的减色原理所使用的四种颜色，该模式是最适合打印的色彩模式。由于电脑显示器使用的是 RGB 模式，有些颜色仅能在电脑中显示，使用 CMYK 模式的打印设备无法将其打印出来，而会自动选择一个与之最接近的颜色替代原有色，这种现象称为溢色。如果在 CMYK 模式下选择了一种溢色时，"颜色面板"中会出现三角形溢色警告进行提示，如图 1-1-3 所示的是 CMYK 模式下 Adobe Illustrator 软件的"颜色面板"。

3. 灰度模式

灰度模式是以单一色调来表现图像的，该模式使用 0 到 255 的亮度值来表达图像的明暗过渡，灰度值也可用黑色油墨覆盖的百分比来表示，当取值 0% 时为白色，100% 时为黑色，如图 1-1-4 所示的是灰度模式下 Adobe Illustrator 软件的"颜色面板"。

4. HSB 模式

HSB 模式的原理基于色彩三属性，也就是说自然界中所有的色彩都可以用色相、纯度和亮度这三个属性来描述。在 HSB 模式中 H 表示色相，S 表示饱和度，B 表示亮度。如图 1-1-5 所示的是 HSB 模式下 Adobe Illustrator 软件的"颜色面板"，拖动颜色滑块分别对 H（色相）、S（纯度）、B（明度）的参数进行调节，可得到不同的颜色。

5. Web 安全 RGB 模式

Web 安全颜色是网页使用的标准色彩，如用于网页的 Logo、导航条、背景等，可以确保使网页设计师和用户得到一致的视觉体验。图 1-1-6 所示的是 Web 安全 RGB 模式下 Adobe Illustrator 软件的"颜色面板"。

上述五种颜色模式中，RGB 模式、CMYK 模式和灰度模式是绘图中最为常用的模式，另需注意的是，CMYK 模式下的颜色饱和度要低于 RGB 模式。

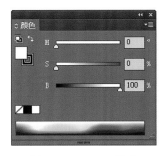
图 1-1-5　HSB 模式

图 1-1-6　Web 安全 RGB 模式

第二节　Adobe Illustrator 软件介绍

Adobe Illustrator 自 1987 年发布以来，历经十余个版本性能不断优化，功能不断增强，目前最为广泛使用的是 Adobe Illustrator CS4、Adobe Illustrator CS5 与 Adobe Illustrator CS6 版本，本书的学习内容则基于 Adobe Illustrator CS6 版本。下面将从认识 Adobe Illustrator CS6 的操作界面开始学习。

一、Adobe Illustrator CS6 操作界面

Adobe Illustrator CS6 安装完成后，双击桌面 Adobe Illustrator CS6 快捷方式图标，或从电脑桌面任务栏"开始／程序"中选择 Adobe Illustrator CS6 进行程序启动。启动完成后，进入 Adobe Illustrator CS6 的操作界面，如图 1-2-1 所示，Adobe Illustrator CS6 的操作界面由以下五部分组成：菜单栏、控制栏、工具箱、面板区和工作区，新建文档后，将在工作区中央位置出现新建的画板。

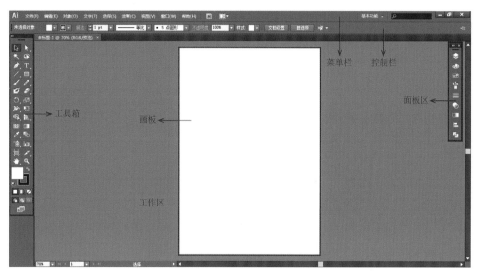

图 1-2-1　Adobe Illustrator CS6 界面

（一）菜单栏

菜单栏位于界面最上方，排列着"文件"等多个菜单，菜单栏为 Adobe Illustrator 的大多数功能提供功能入口，可通过右上角"最小化"、"恢复／最大化"和"关闭"三个按钮对软件界面进行控制。

（二）控制栏

控制栏位于菜单栏的下方，当用户选择不同工具或操作对象时，控制栏会显示相应的选项，点击"窗口"菜单下的"控制"命令，可隐藏或显示控制栏。

（三）工具箱

工具箱位于界面最左侧，排列着 Adobe Illustrator CS6 的各种工具。右下角有◢形状按钮的工具，表示该工具包含隐藏的子工具，把光标移动到该工具上方按着鼠标左键不松开，便可显示其子工具。图1-2-2 所显示的是绘制服装效果图时使用频率最高的工具。

（四）浮动面板

浮动面板位于界面右侧，各类面板的功能需要与工具或操作对象结合使用。为便于操作、简化界面，在使用中可以将不常用的面板关闭，只保留必要的面板，如"图层面板"、"颜色面板"、"色板面板"、"画笔面板"、"描边面板"、"透明度面板"、"渐变面板"、"对齐面板"和"路径查找器面板"，其余面板可一一拖出，单击右上角"关闭"按钮予以关闭，如图 1-2-3 所示。

选择工具：用于选中整个路径或群组

直接选择工具：用于选中特定的一个或多个锚点

钢笔工具：用于绘制线条和形状

矩形工具：用于绘制矩形等特定形状

画笔工具：用于绘制线条

文字工具：用于输入文字

网格工具：用于绘制网格渐变

渐变工具：用于实现颜色及不透明度的渐变

抓手工具：用于移动画板

缩放工具：用于缩放画板

填色与描边：用于设置对象的填色和描边状态

图 1-2-2　绘制服装效果图时使用频率最高的工具

图层面板
颜色面板
色板面板
画笔面板
描边面板
透明度面板
渐变面板
对齐面板
路径查找器面板

图 1-2-3　绘制服装效果图时所必需面板

二、基础操作

这一部分将主要介绍与绘制服装效果图密切相关的基础操作。

（一）绘图基础操作

1. 钢笔工具

"钢笔工具"是 Adobe Illustrator 最基础的工具，使用"钢笔工具"及其子工具可以绘制、修改任意对象，在服装效果图绘图中，一般用它绘制各种人体与服饰路径。"钢笔工具"的基本使用方法如下：

（1）绘制直线：选中"钢笔工具"后，先单击鼠标左键即创建一个作为起点的锚点，再单击画板任意位置创建终点，即可绘制一条直线；按住键盘 Ctrl 键的同时，使用"钢笔工具"在工作区任意位置单击鼠标左键，便可结束当前路径的绘制；按住 Shift 键的同时重复以上操作，可绘制水平直线、垂直直线或 45°角斜线，如图 1-2-4 所示。

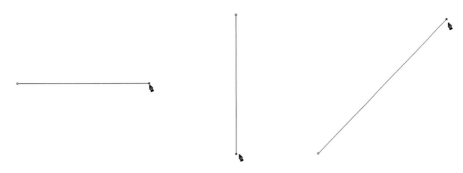

图 1-2-4　使用"钢笔工具"绘制直线

（2）绘制折线：使用"钢笔工具"单击鼠标左键创建起点，然后单击画板任意位置创建第二个锚点，最后在其他位置单击左键，即可绘制一条折线，如图 1-2-5 所示。

（3）闭合路径：重复（2）的操作，最后将光标移动至起点，当光标右下角出现小圆圈时，意味着此时可以点击起点闭合路径了，如图 1-2-6 所示。

图 1-2-5　绘制折线　　　　　　　　　　　　　图 1-2-6　点击起点闭合路径

（4）绘制弧线：重复（1）的操作，在终点按鼠标左键不松手，作为终点的锚点两侧便出现一对手柄，拖动手柄可以绘制弧线，如图 1-2-7 所示。使用"钢笔工具"绘制弧线时，返回单击前一锚点可以取消单侧手柄，如图 1-2-8 所示；按 Alt 键的同时使用"直接选择工具"拖拽任意一侧手柄，可以实现只对单侧手柄的操作，如图 1-2-9 所示。

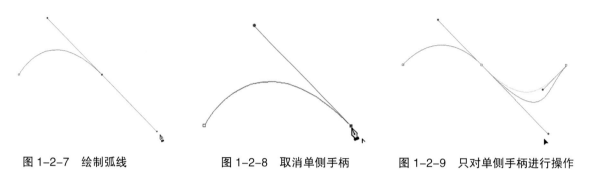

图 1-2-7　绘制弧线　　　　图 1-2-8　取消单侧手柄　　　图 1-2-9　只对单侧手柄进行操作

"钢笔工具"还包含三个子工具，即"添加锚点工具"、"删除锚点工具"和"转换锚点工具"。使用"添加锚点工具"在路径上任意位置点击一下便可增加一个锚点；使用"删除锚点工具"点击任意锚点，便可删除该锚点。使用"转换锚点工具"点击弧线上的某一锚点，可实现弧线到折线的转换，如图 1-2-10 所示；使用"转换锚点工具"点击折线上某一锚点后不松手，拖拽出手柄，便可将折线转换为弧线，如图 1-2-11 所示。

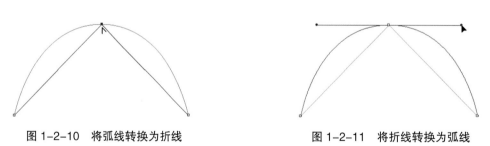

图 1-2-10　将弧线转换为折线　　　　　　图 1-2-11　将折线转换为弧线

2. 画笔工具

尽管"钢笔工具"绘图非常精确，但在绘制服装效果图的线稿时，使用"画笔工具"会更为便捷，同时，还可以借助"画笔面板"选用不同画笔，实现形式丰富的线条效果，此内容将在后文"描边基础操作"部分予以具体介绍。

3. 矩形工具

"矩形工具"及其子工具"圆角矩形工具""椭圆工具""多边形工具"等工具可用于多种服饰配件，如拉链、扣子的绘图。选择以上工具后，在文档空白处单击左键，将弹出对应的对话框，以便对形状的尺寸予以精确设置。

（二）选择、移动、缩放和旋转操作

在 Adobe Illustrator 的操作中，使用"选择工具"和"直接选择工具"可以实现对整个对象或对特定锚点的选择，使用"选择工具"能够进行对象的移动、缩放和旋转。

1. 选择工具

"选择工具"可以用来选择整个路径或群组，并对所选对象进行进一步的操作。

（1）移动对象：使用"选择工具"选中某一对象后，拖动鼠标便可移动整个对象，如图1-2-12所示。

（2）缩放对象：在对象为选定状态下，将光标移动到定界框的一角，画面出现如图1-2-13所示的光标时，拖动鼠标能够进行对对象的缩放。在操作时按Shift键不松手便可以实现对象的等比例缩放。

（3）旋转对象：在对象为选定状态下，将光标移动到定界框的一角，画面出现如图1-2-14所示的光标时，拖动鼠标能够让对象以任意角度进行旋转，在操作时按Shift键不松手便可以使对象进行90°、180°和360°旋转。

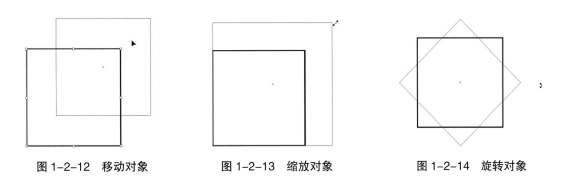

图1-2-12　移动对象　　　　图1-2-13　缩放对象　　　　图1-2-14　旋转对象

2. 直接选择工具

"直接选择工具"是用来选择单个或多个特定的锚点的。使用"直接选择工具"点击某一锚点，即可选中该锚点，被选中的锚点呈实心状态，其余未被选中的锚点呈空心状态，如图1-2-15所示。按Shift键的同时点击若干锚点，可以选中多个锚点。此时拖动鼠标，可以移动所选锚点，如图1-2-16所示。

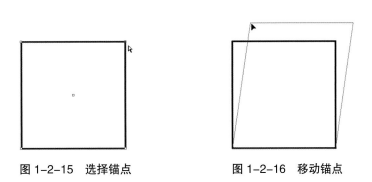

图1-2-15　选择锚点　　　　图1-2-16　移动锚点

（三）填充基础操作

在使用Adobe Illustrator绘制服装效果图时，不可避免地要遇到对不同类型面料的填充。常用的填充形式可以分为颜色填充、图案填充、渐变填充、素材填充和无填充五种，灵活应用不同填充形式，能够取得丰富细腻的画面效果。

1. 颜色填充

以图1-2-17中的短裙为例，使用"钢笔工具"绘制出短裙路径，使"工具栏"中的"填色"与"描边"保持在"默认填色和描边"的状态下，所绘对象即为白色填色和黑色描边，默认的描边粗细为"1 pt"；双击"填色"，如在弹出的"拾色器"对话框中选择绿色，便为对象填充绿色。

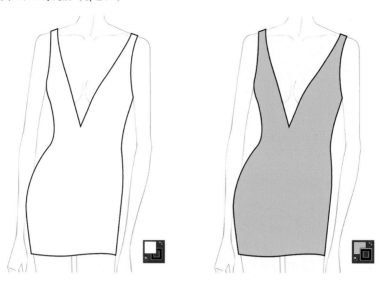

图 1-2-17　颜色填充

2. 图案填充

Adobe Illustrator CS6 的"色板面板"提供了多种图案，便于丰富所绘图形的视觉效果。在对象保持选中的状态下，单击"浮动画板／色板面板"左下角"色板库菜单"按钮，可找到"图案"选项，如图 1-2-18 所示便是分别填充了"图案／基本图形_ 点／波浪形粗网点"与"图案／装饰 /Vonster 图案／溅泼"图案的效果，注意：有些图案的背景是透明的，应用这些图案前，需选中对象先后按"Ctrl+C"键和"Ctrl+B"键执行"复制"和"贴在后面"操作，并填充白色，以免露出下层的人体。

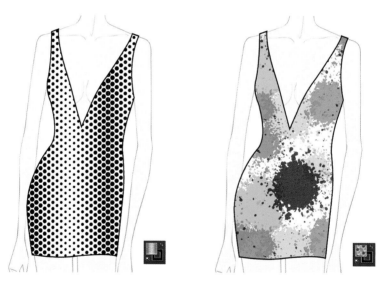

图 1-2-18　图案填充

3. 渐变填充

打开"渐变面板"为所选对象填充由白色到黑色的线性渐变，分别双击"渐变面板"中"渐变滑块"左右两端的色标，在弹出的"颜色"和"色板"中选择其他颜色，可为渐变置换颜色，点击"渐变滑块"上的任意位置可添加色标，设置多色渐变。在"类型"下拉选框内还可更改为径向渐变，如图 1-2-19 所示对象正是填充了黄色、绿色和蓝色的线性渐变与径向渐变的效果。

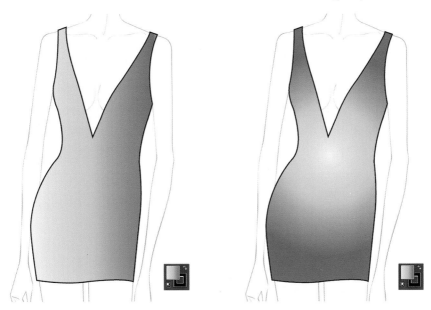

图 1-2-19　线性渐变与径向渐变填充

4. 素材填充

在绘制服装效果图时，为表现特定的面料花色，时常需要填充位图格式的面料或图案素材。单击"文件"菜单下的"置入"，将准备好的 .JPG 格式的素材图片置入当前文档，在素材图片为选中状态下，单击控制栏中的 嵌入 按钮，图片被完整地嵌入进当前文档，不会出现因原图存储路径改变或删除而造成文档中的图片丢失。接着单击鼠标右键选择"排列 / 置于底层"，选中上层的对象和下层的素材图片，然后单击鼠标右键执行"建立剪切蒙版"操作，将素材图片剪切为对象的形状，而此时对象"描边"转变为无，对其进行"默认填色和描边"设置即可，如图 1-2-20 所示。

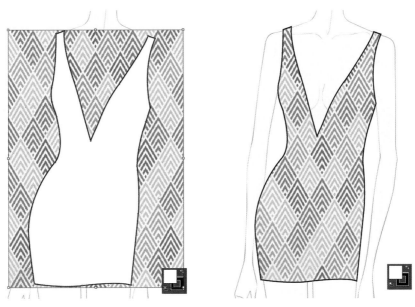

图 1-2-20　素材填充步骤

5. 无填充

在"工具箱"的填色描边区保持"填色"前置的状态下，单击下方的"无"按钮 ◻，所选对象便没有"填色"，只留"描边"，如图 1-2-21 所示。

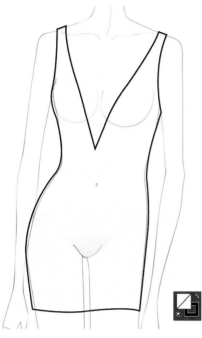

图 1-2-21　无填充

图 1-2-22　"描边面板"中的粗细选框

（四）描边基础操作

1. 设置描边颜色与粗细

在"工具箱"的填色描边区单击"描边"，使"描边"前置，双击"描边"，在弹出的"拾色器"中可以为所选对象选择描边的颜色。在"描边面板"的粗细下拉选框中有多种粗细参数可供选择，也可在选框内输入具体数值，图 1-2-22 所显示的是"描边面板"中的粗细选框。

2. "钢笔工具"的描边操作

（1）更改宽度配置文件：当使用"钢笔工具"绘制路径时，默认的宽度配置文件为"等比"，所绘制出的线条缺乏变化、枯燥无趣，可在"描边面板"下方的"配置文件"更改宽度配置文件形式，如图 1-2-23 所示选择"宽度配置文件 2"，则所选对象的描边便会呈现如图 1-2-24 所示的流畅外观。

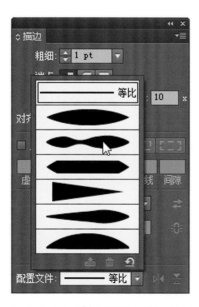

图 1-2-23　选择"宽度配置文件 2"

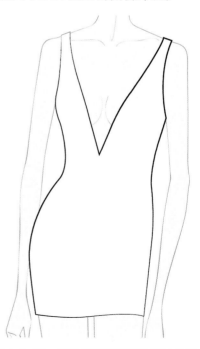

图 1-2-24　更改宽度配置后的描边效果

（2）虚线设置：绘制服装缝迹线时，先勾选"描边面板"中虚线前的选框，对"虚线"和"间隙"的参数进行设置，如图 1-2-25 所示将"虚线"和"间隙"的参数分别设置为"3 pt"和"2 pt"，绘制出荷叶领与裙摆的缝迹线，显示效果如图 1-2-26 所示。

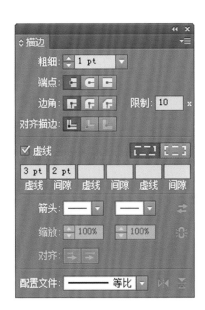

图 1-2-25　设置"虚线"和"间隙"的参数　　　图 1-2-26　荷叶领与裙摆缝迹线的效果

3. "画笔工具"的描边操作

（1）设置书法画笔选项：出于提高绘画效率和便于表现服装质感效果的考虑，通常需将服装的线稿与服装的填色脱离，单独使用"画笔工具"绘制服装线稿，"画笔工具"的默认画笔是"5 点圆形"画笔，默认粗细为"1 pt"，这些参数都可以在"画笔面板"中予以更改。如图 1-2-27 所示，在"画笔面板"中选择"5 点扁平"画笔，双击该画笔在弹出的"书法画笔选项"中对"角度"及其变量进行调整，可令对象描边粗细随机变换、流畅自如，如图 1-2-28 所示。

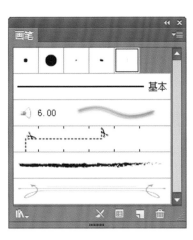

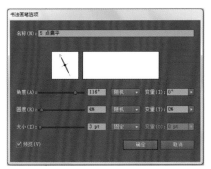

图 1-2-27　在"画笔面板"中选择画笔　　　图 1-2-28　调整"书法画笔选项"的参数

（2）画笔库菜单操作："画笔面板"左下角"画笔库菜单"中提供了数量众多的画笔类型，可用以丰富服装效果图的效果，如单击"画笔库菜单"按钮，选择"边框／边框_装饰／前卫"画笔，在领围线下方绘制左右两条与领围线平行的路径，便为短裙增添如图1-2-29所示的漂亮图案。

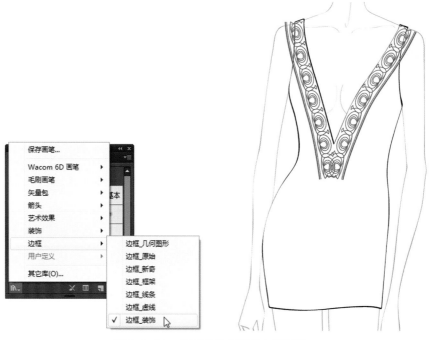

图1-2-29　使用画笔库菜单中的画笔

（五）效果基础操作

1. 混合模式

"透明度面板"中的混合模式选项，提供了用于所选对象颜色与其下层对象颜色之间混合的多种模式，默认的对象混合模式为"正常"，当不透明度为100%时意味着下层对象的颜色被上层对象的颜色完全覆盖。另一种混合模式"正片叠底"，可使上层对象的颜色与下层对象的颜色相互叠加渗透，在"正片叠底"模式下白色将不再显示，其他颜色反而加深，如图1-2-30所示，是眼影在"正常"模式与"正片叠底"模式下的对比。

图1-2-30　眼影在"正常"模式与"正片叠底"模式下的对比

2. 羽化效果

为了表达皮肤过渡效果或面料质感,通常会将对象进行羽化。仍以眼影为例,选中眼影对象,单击"效果"菜单下的"风格化 / 羽化"选项,在弹出的"羽化"对话框中设置半径的参数为"1.5 pt"(羽化半径参数的大小需依据对象的大小而定),实现对眼影的羽化,与肤色衔接细腻柔和,如图 1-2-31 所示,图 1-2-32 则是对头发、眼影、腮红和嘴唇全部进行羽化后的效果,可与前图作比较。

图 1-2-31　眼影的羽化效果　　　　　　　　　　图 1-2-32　多对象的羽化效果

(六)图层基础操作

1. 图层的创建与删除

由于服装效果图所包含的对象众多,为便于对象的绘制与修改,有必要为对应的对象分别创建图层,因此一幅服装效果图通常包含多个图层,这些图层的排列顺序一般由服装穿着的内外层次所决定。在"图层面板"下方单击"创建新图层"按钮 即可实现新图层的创建;选中某一图层,单击"删除所选图层"按钮 即可删除图层。

2. 图层可视性的切换

"图层面板"中每一个图层左端都有一个"切换可视性"按钮 ,单击该按钮,可隐藏或显现某一图层上的所有对象。

3. 图层的移动与锁定

选中某一图层,按住鼠标左键上下拖曳可移动该图层,以便调整图层顺序。单击"切换可视性"按钮 右侧空白处,可切换图层锁定,当某一图层处于锁定状态,会出现锁形符号 ,表示该图层已被锁定,禁止操作,单击锁形符号 ,可为图层解锁。当需要在某一图层进行编辑时,可将其余图层锁定,以免不同图层的对象混淆。

(七)存储与导出操作

(1)存储:绘图过程中应随时按"Ctrl+S"键进行存储,绘图结束执行"文件"菜单下的"存储为"操作,在弹出的"Adobe Illustrator 选项"对话框中可选择不同版本,有时需存储为较低版本文档,以便在低版本中打开。

(2)导出:若需将文档存储为".JPG"格式文件以便网络传输或屏幕显示,执行"文件"菜单下的"导出"操作,在弹出的"导出"对话框中选择保存类型为"JPEG(*.JPG)",勾选"使用画板"前的选框,并可根据需要在随后弹出的"JPEG 选项"对话框中对"颜色模型"与"分辨率"进行设置。

作业：

1. 了解电脑服装效果图的优势与意义，掌握图形、图像基本知识，熟悉 Adobe Illustrator CS6 的操作界面。

2. 使用"工具箱"中的任意工具绘制任意图形，并设置"填色"与"描边"。

3. 掌握"图层面板"的基本操作，练习"新建图层"、"删除图层"、"切换图层可视性"和"锁定图层"。

4. 练习新建文档、存储文档、关闭文档等操作。

5. 利用网络搜集电脑服装效果图的优秀案例，欣赏并练习绘制。

第二章
Adobe Illustrator 人体绘制技法

　　服装人体是构成服装效果图最基本的要素，也是画好服装效果图的第一步。与手绘人体动态相比较，软件绘制人体动态看似复杂，但绘制好的动态可重复多次使用，实际上可使绘图效率得到显著提高。本章将从绘制人体开始，介绍使用 Adobe Illustrator CS6 绘制人体动态及人物五官、发型的方法。

第一节　人体动态绘制技法

　　尽管人体动态复杂多变，但也是有规律可循的。这里将介绍以下两种画人体动态的方法：

■ 基本动态旋转法——主要使用"钢笔工具"。

■ 画笔工具绘画法——主要使用"画笔工具"。

　　前者以人体基本动态为基础，通过对基本动态的旋转，可以变化出各种动态，非常适宜对人体动态的比例关系掌握不到位的初学者；后者是一种模拟手绘的方法，如果绘画者本身手绘功底较好，并对服装人体的比例、人体的重心把握得相当熟练，使用画笔工具直接绘制人体动态是很便捷的，由于 Adobe Illustrator 是一款矢量图形软件，随时可以通过调整锚点以绘制流畅的线条、美观的形状，因此并不需要借助数位板、压感笔这样的额外设备，鼠标＋"画笔工具"足以模仿手绘的效果。

一、使用人体基本动态旋转法绘制人体动态

　　人体基本动态旋转法的原理：可以把正常直立的人体归纳为不同的几何形体，按照人体比例关系绘制出人体基本动态，然后旋转各部位，即可创造出不同的动态来。下面以常用的 8 头身的比例，介绍女性人体基本动态的绘制方法。

（一）绘制女性人体基本动态

　　（1）新建一个名为"女性人体基本动态"的文档，设置"填色"为无、"描边"为红色，在画板居中位置绘制一条水平直线，经复制粘贴后得到另外 8 条，并对这 9 条水平线段执行"水平居中对齐"和"垂直分布间距"操作，再在中央位置画一条垂直线段作人体的前中线，每条水平线段对应的人体位置如图 2-1-1 所示。

　　（2）设置"填色"为无、"描边"为黑色，以椭圆形代表头部、矩形代表颈部、倒梯形代表胸部、正梯形代表骨盆、三角形代表肩部，绘制出人体躯干的基本形。

　　（3）以圆形代表肩关节、肘关节和膝关节，以梯形代表上臂、前臂、大腿、小腿、脚，绘制出四肢的基本形。

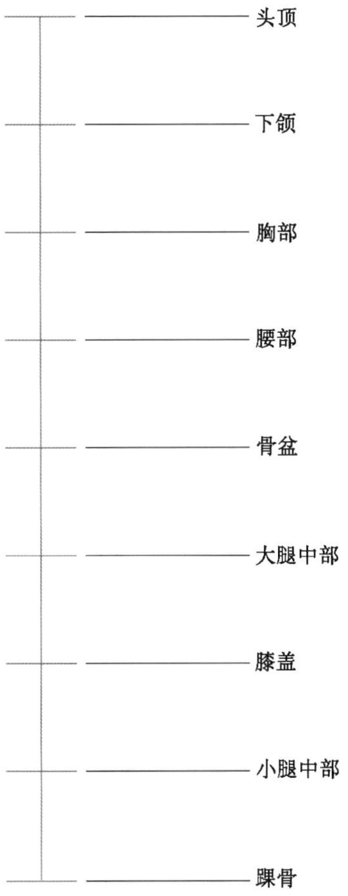

头顶
下颌
胸部
腰部
骨盆
大腿中部
膝盖
小腿中部
踝骨

图 2-1-1　建立人体基本动态的辅助线

（4）使用"添加锚点工具"在各个基本形上增添锚点，调整锚点的位置，并用"锚点转换工具"把折线转换为曲线，步骤如图2-1-2所示，男性人体基形的绘制方法与之类似，不再赘述。

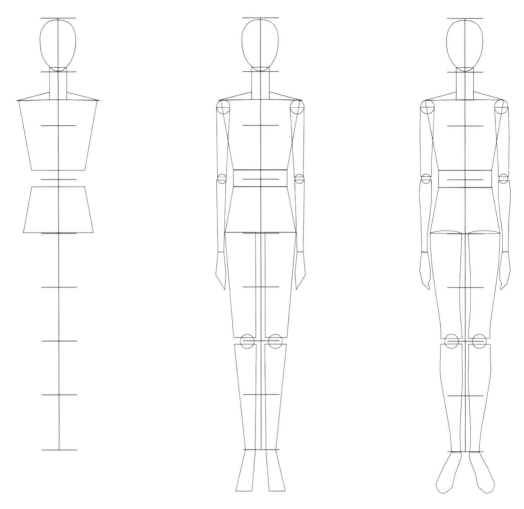

图 2-1-2   绘制女性人体基本动态的步骤

（二）旋转人体基本动态

（1）新建一个文档，将女人体基本动态复制、粘贴在画板中，在"图层面板"中创建多个图层，按上下顺序分别为图层命名为"人体线条"、"肤色"、"动势线"和"基本动态"。在"动势线"层画出转折的动势线（图中红色线），此线概括了躯干的运动方向。

（2）在"基本动态"层上使用"选择工具"对躯干的每一部分进行旋转，使躯干的运动方向和动势线一致，具体的标准是：使肩线、腰线和骨盆线都和动势线保持垂直，并且使动势线能够成为胸部、腰部、骨盆三部分体块的等分线。

（3）然后分别对四肢和手足进行旋转，放置在适当的位置，绘制出新的动态，如图2-1-3所示。

（三）完善人体动态

（1）设置"填色"为无、"描边"为黑色，沿着基本形使用"钢笔工具"在"人体线条"层上绘制人体外轮廓路径；隐藏"基本动态"层的可视性，对"人体线条"层上的所有路径进行"复制"，按"Ctrl+F"键在"肤色"层上执行"贴在前面"操作。

（2）在"肤色"层上，对人体动态原本断开的开放路径逐一调整，或删除锚点、或连接锚点，最终使人体动态整个外轮廓形成一个封闭的路径。

（3）双击"工具箱"中的"填色"为整个封闭路径填充肤色，同时把"描边"设置为无，如图2-1-4所示。

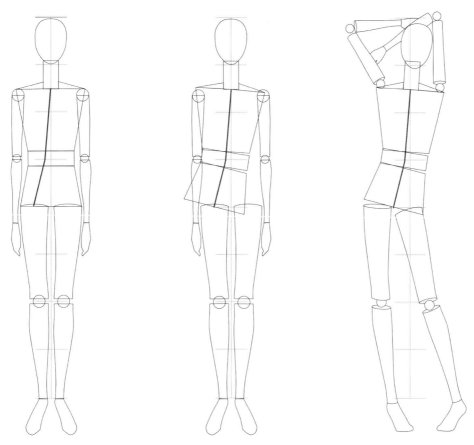

图 2-1-3　绘制动势线，对人体基本动态的每一部分分别旋转

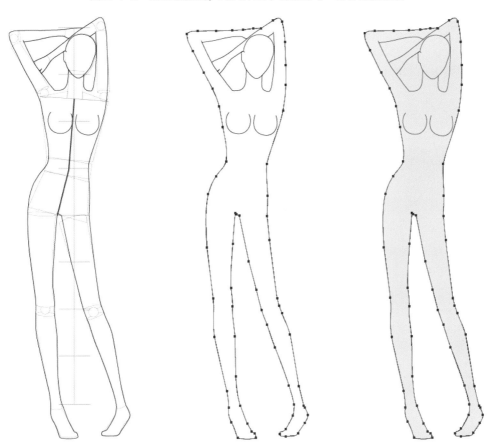

图 2-1-4　绘制人体外轮廓路径并填色

（4）在"肤色"层上，用"钢笔工具"勾画出两只手臂交叉部位的形状，同时选中该形状和人体路径，在"路径查找器面板"中执行"减去顶层"；勾画出手臂与头部、肩膀交叉区域的形状，也执行"减去顶层"操作。

（5）选中"人体线条"层上所有路径，在"描边面板"中将"粗细"调整为"0.25 pt"，在"画笔面板"中选择"5 pt. 平面"画笔，并双击该画笔图标，在弹出的"书法画笔选项"对话框中调整"角度"（取值自定），可以使原本僵硬缺少变化的人体线条变得流畅，接近手绘效果。

（6）最后将所选对象的"描边"颜色更改为接近肤色的黄褐色，在"透明度面板"中将混合模式设置为"正片叠底"，完成人体动态的绘制，如图 2-1-5 所示，为便于今后绘制服装效果图，可单击"图层面板"右上角 按钮，执行"合并所选图层"操作。如图 2-1-6、图 2-1-7 所示的是借助人体基本动态旋转法绘制的其他男女动态。

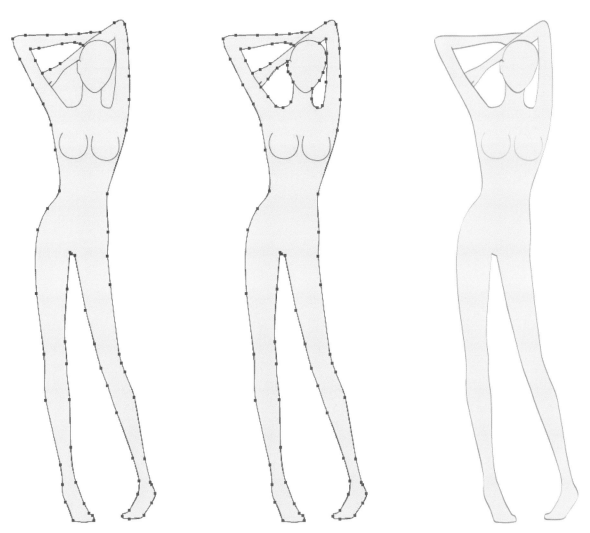

图 2-1-5　减去人体填色多余的部分，调整画笔选项

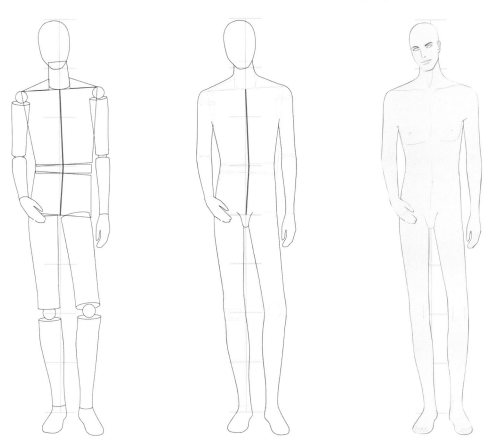

图 2-1-6　借助人体基本动态旋转法绘制的其他男人体动态

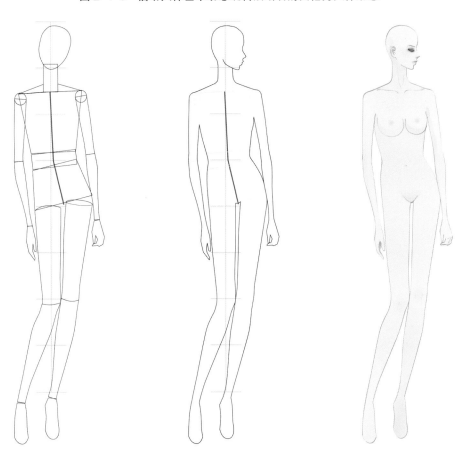

图 2-1-7　借助人体基本动态旋转法绘制的其他女人体动态

二、使用画笔工具绘制人体动态

如果对人体比例掌握较好，且具备一定手绘功底，可以考虑直接使用"画笔工具"绘制人体动态。下面将以女人体动态为例介绍具体的步骤画法。

（一）绘制人体动态线稿

新建一个文档,在"图层面板"中创建两个图层,分别命名为"人体线条"层和"肤色"层。设置"填色"为无,"描边"为黑色,使用"画笔工具"在"人体线条"层上先画出动势线,再画出人体躯干和四肢的动态。

（二）填充肤色

（1）设置"描边"为无,设置"填色"为肤色,在"肤色"层上用"钢笔工具"勾画出人体动态的外轮廓。

（2）弯曲的左右手臂和人体形成的交叉形状是要减去的，使用"钢笔工具"先后勾画出这两块封闭路径，先后分别选中这两个路径和整个肤色区域，执行"减去顶层"操作。

（3）最后删除所有不必要的线条，将人体线条的颜色的深浅加以区分，在"图层面板"上单击右上角 ▼▤ 按钮，执行"合并所选图层"操作，完成人体动态的绘制，如图 2-1-8 所示。图 2-1-9 所示的是使用画笔工具绘制的其他人体动态。

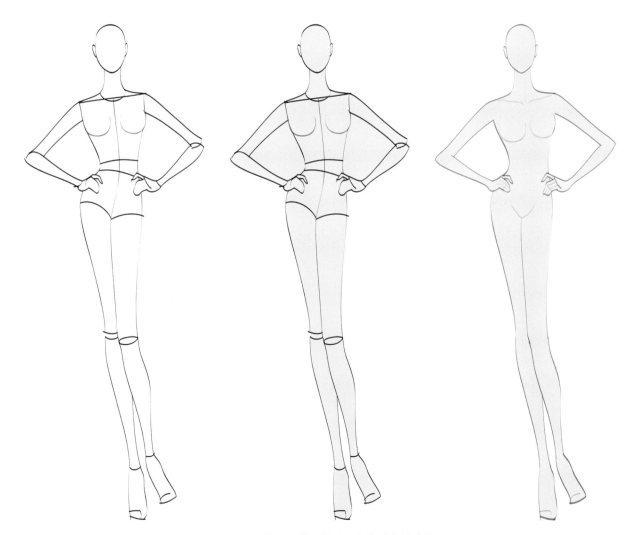

图 2-1-8　使用画笔工具绘制人体动态的步骤

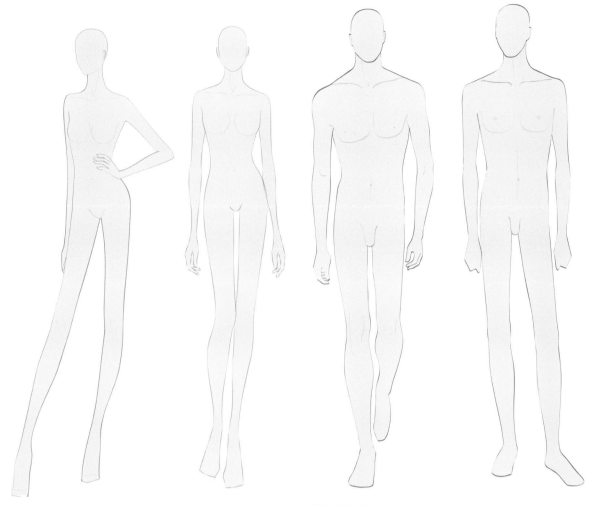

图 2-1-9 使用画笔工具绘制的其他人体动态

第二节 人物五官绘制技法

脸型和五官既要突显人物的性格、气质，同时也要强调和服装款式、风格的呼应，因此人物五官的表现在服装效果图中是相当重要的。由于服装效果图的风格有写实、概括、夸张等多种形式，五官的表现风格也因此多种多样，这里以写实风格为例介绍正面五官的表现步骤，绘画者可以结合自己的风格和喜好，以此为启发进行各种脸型和五官的创作。此外，为了绘画和修改的方便，绘图之前应在新建文档内尽量创建多个图层，将线条、肤色、眉毛、眼睛、嘴唇等部分分别放在不同的图层中，并做对应命名。

一、绘制脸型与眉毛

（1）设置"填色"为无，"描边"为浅褐色，使用"画笔工具"在"线条"层上画出脸型、脖子和耳朵的轮廓；设置"描边"为无，"填色"为接近肤色的粉色，再在"肤色"层上使用"钢笔工具"勾画出脸、耳朵和脖子的整体外轮廓的封闭路径。

（2）设置"填色"为白色到深褐色的渐变，"描边"为无，使用"钢笔工具"在眉毛层上绘制眉毛轮廓的封闭路径，设置混合模式为"正片叠底"，如图 2-2-1 所示。

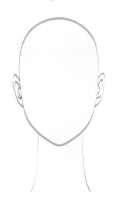

图 2-2-1 绘制脸形、脖子与眉毛路径

（3）对眉毛执行"效果"菜单里"风格化"选项中的"羽化"操作，设置"羽化半径"为"0.5 mm"，经羽化后的眉毛的边缘不再突兀。

（4）按住 Alt 键移动复制眉毛 1~2 次，再对复制出的眉毛进行稍微的旋转，使眉峰的颜色突出，而眉头和眉尖虚化，眉毛呈现出虚实有度、过渡自然的效果，如图 2-2-2 所示。

图 2-2-2 对眉毛进行"羽化"，并多次复制、粘贴、旋转

二、绘制眼睛

（1）设置"填色"为无，"描边"为褐色，使用"画笔工具"在"线条"层上画出眼眶和双眼皮的线条，并注意区分这些线条的深浅粗细。

（2）设置"填色"为淡蓝色，"描边"为无，使用"钢笔工具"在"眼睛"层上画出眼白轮廓的路径，如图 2-2-3 所示。

图 2-2-3 绘制眼睛和眼白

（3）设置"填色"为棕色，"描边"为无，使用"钢笔工具"在"眼睛"层画出眼珠轮廓路径。

（4）设置"填色"为深棕色，"描边"为无，选中"网格工具"在眼珠中央靠上一点的位置点击鼠标左键，眼珠颜色呈现深浅的柔和过渡，如图2-2-4所示。

图2-2-4　绘制眼珠

（5）在没有选中眼珠的状态下，把"填色"设置为更浅一些的浅棕色，"描边"设置为无，然后选中"网格工具"在眼珠中央靠下的位置单击左键，表现眼底的反光。

（6）按照上述方法使用"网格工具"添加网格中的节点，并为其逐一设置颜色，最终把眼睛的晶莹剔透感表达出来，最后使用"椭圆工具"画出眼珠上的白色高光，眼睛的绘制到此告一段落，如图2-2-5所示。

图2-2-5　使用"网格工具"对眼珠进行深入刻画

三、绘制睫毛

（1）设置"填色"为深棕色，"描边"为无，使用"钢笔工具"在"睫毛"层上，围绕眼眶绘制一个类似图2-2-6的路径，并把该形状的混合模式设置成"正片叠底"。

（2）选中该形状，在"效果"菜单下的"风格化"选项中选择"羽化"，"羽化半径"设置为"0.5 mm"，睫毛的形式变得较为柔和，如图2-2-6所示。

图2-2-6　绘制睫毛形状并执行"羽化"操作

（3）图2-2-6的睫毛显得很单薄，迷人的睫毛应该是浓密且过渡自然的，因此可以选中羽化后的睫毛形状，按住 Alt 键进行移动复制，再经多次旋转、缩放，外眼角的睫毛可适当拉长，直到形成如图2-2-7所示层次性很强的效果。

图 2-2-7　经多次复制、旋转、缩放的睫毛效果

（4）将"五官线条"层、"眼睛"层、"睫毛"层全部解锁，按住 Alt 键把眉毛、眼睛、睫毛等对象移动复制到另一侧。

（5）对复制过来的眉毛、眼睛和睫毛执行"镜像工具"操作，注意需将复制过来的眼珠及高光的位置调整一下，以免形成对眼或分眼，如图2-2-8所示。

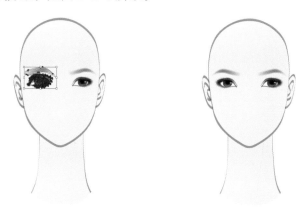

图 2-2-8　对眉毛、眼睛、睫毛进行移动复制

四、绘制鼻子

（1）设置"填色"为无，"描边"为浅棕色，在"线条"层上使用"画笔工具"仅仅画出鼻头和鼻孔，鼻梁是要靠阴影来表现的。在"画笔面板"上选择"3 pt.圆形"画笔，使用"画笔工具"在"高光和阴影"层上画出左侧鼻梁，如图2-2-9所示。

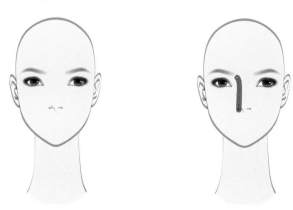

图 2-2-9　粗略画出鼻头、鼻孔和鼻梁

（2）对前一步所画路径执行"羽化"操作，羽化半径为"1 mm"，把混合模式更改为"正片叠底"。按照此方法接着画出另一侧鼻梁和鼻头处的阴影，注意区分它们的深浅程度，如图2-2-10所示。

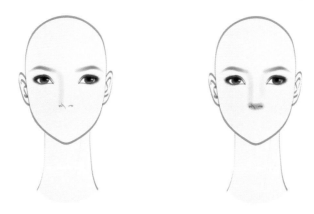

图2-2-10 表现鼻子阴影

五、绘制嘴唇

（1）使用"画笔工具"在"线条"层上画出表达嘴唇形状的线条，然后在"嘴唇"层使用"椭圆工具"绘制一个椭圆，设置该椭圆的混合模式为"正片叠底"，如图2-2-11所示。

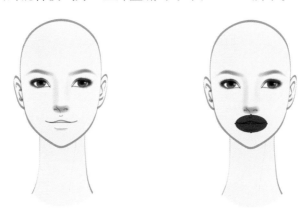

图2-2-11 画出嘴唇线条，使用"椭圆工具"填色

（2）对该椭圆执行"羽化"，羽化半径为"2 mm"，并调整椭圆的锚点使嘴唇造型更自然，最后再用"画笔工具"画出两唇中间的阴影，如图2-2-12所示。

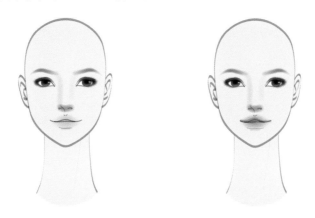

图2-2-12 对椭圆形状进行"羽化"，深入刻画嘴唇层次

六、绘制眼影和腮红

（1）在"高光和阴影"层上使用"椭圆工具"在右侧眉眼之间画出一个深棕色的椭圆，并把它的混合模式设置为"正片叠底"，对该椭圆执行"羽化"，羽化半径为"3 mm"，选中经过"羽化"操作的椭圆，按住 Alt 键移动复制到左侧，如图 2-2-13 所示。

图 2-2-13 绘制眼影的步骤

（2）使用"画笔工具"在眼睛上方偏后一点的位置画出一条路径，设置混合模式为"正片叠底"，对此路径执行"羽化"，羽化半径设置为"1 mm"，左侧眼睛也做相同处理，表现出眼窝的深度，如图 2-2-14 所示。

图 2-2-14 表现眼窝的深度

（3）使用"椭圆工具"在左侧脸颊画出椭圆形的腮红形状，该椭圆的混合模式为"正片叠底"，并对椭圆形状执行"羽化"，羽化半径设置为"4 mm"，如图 2-2-15 所示。

图 2-2-15 绘制腮红的步骤

七、表现明暗关系

（1）设置"描边"为褐色、"填色"为无，使用"画笔工具"在双眼的上眼睑内侧画出阴影表现眼皮的厚度，设置"描边"为白色、"填色"为无，在"高光与阴影"层上，使用"画笔工具"在双眼的下眼睑处画出高光的路径，在"描边面板"上设置描边粗细为"0.1 pt"，如图 2-2-16 所示。

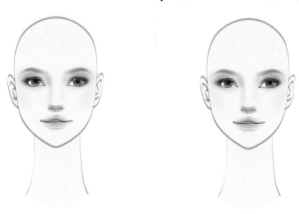

图 2-2-16　深入刻画眼部

（2）在"画笔面板"上选择"3 pt. 圆形"画笔，在右侧鼻梁处画出一条白色路径，为这条路径进行"羽化"，羽化半径在"1 mm"左右，如图 2-2-17 所示。

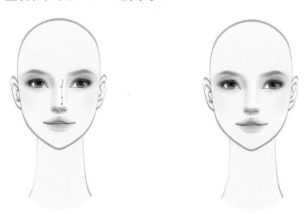

图 2-2-17　绘制鼻梁高光

（3）再使用"画笔工具"为嘴唇添加白色的高光，调整这些高光路径的不透明度和描边粗细以达到最佳状态，并用"钢笔工具"在"高光和阴影"层上为耳朵画出阴影，如图 2-2-18 所示。

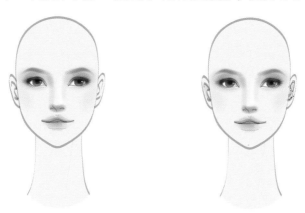

图 2-2-18　绘制嘴唇高光及耳部阴影

（4）使用"钢笔工具"在左侧脸颊画出阴影的封闭形状，在"渐变面板"上设置该形状的填色为从棕色到白色的线性渐变，把该形状的混合模式设置为"正片叠底"，利用"渐变工具"调整渐变的方向和程度，并为该形状执行"羽化"，羽化半径为"3 mm"，完成效果如图2-2-19所示。

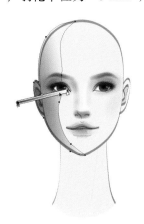

图 2-2-19　绘制左侧脸颊的阴影

（5）使用"钢笔工具"在下颌下面画出阴影的封闭形状，填充从棕色到白色的线性渐变，把该形状的混合模式设置为"正片叠底"，并调整好渐变的方向和程度，最后使用"画笔工具"在右侧脸颊画出白色高光，根据整体效果调整其不透明度，完成人物面部五官的绘制，如图2-2-20所示。

图 2-2-20　绘制下颌处的阴影和右侧脸颊的高光

第三节　发型绘制技法

发型是人物形象、气质的重要体现，并且与服装的风格和款式相互呼应，是人体表现中不可或缺的组成部分。表达发型应从以下几方面入手：一是表现发型的外形和颜色；二是表现头发的体积；三是表现头发的层次和走向。发型的形式和颜色依靠轮廓和颜色填充即可实现，头发的体积需要借助明暗效果的表现，头发的层次和走向则需要以发丝的走向来展现。

一、发型绘制的步骤

（一）绘制发型轮廓并填充渐变色

打开画好的人物面部五官文件，在所有图层之上创建两个新图层，依次命名为"发丝"层和"头发底色"

层。设置"描边"为无，"填色"为黄色到棕色的线性渐变，在"头发底色"层上使用"钢笔工具"画出发型轮廓的封闭路径，借助"渐变工具"旋转渐变批注者调节杆以调整头发颜色渐变的方向，影响头发的光源应和五官的光源方向一致。并对头发形状执行"羽化"，羽化半径为"1 mm"，如图2-3-1所示。

图2-3-1　绘制发型轮廓并填充渐变色

（二）表现头发体积

（1）在头顶部位画出如图2-3-2所示的形状，并在"渐变面板"中选择渐变类型为"径向"，设置由咖啡色到白色的渐变颜色，在"透明度面板"上将该形状的混合模式改为"正片叠底"，并将不透明度适当调低，再对该形状执行"羽化"，羽化半径设置为"1 mm"。

图2-3-2　表现头发体积步骤1

（2）依照上述渐变结合羽化的方法，在刘海下端及两侧发梢处表现出头发的体积，完成效果如图2-3-3所示。

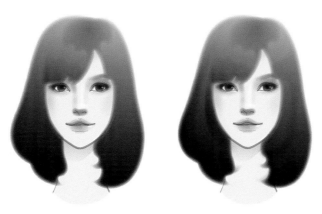

图2-3-3　表现头发体积步骤2

（三）绘制发丝

（1）设置"填色"为无，"描边"为深棕色，选择"画笔工具"在"发丝"层上画出一些发丝，其目的是把头发分成若干股，描边的粗细可设置为"0.05 pt"，并在"透明度面板"上将这些发丝路径的混合模式设置为"正片叠底"。

（2）按照头发的走势，分别在每股头发里面补充细碎的发丝，如图2-3-4所示。

图2-3-4　分股绘制发丝

（3）设置"描边"为浅黄色，使用"画笔工具"画出浅色发丝，注意这些浅色发丝的混合模式为"正常"，适当调整不透明度使发丝的颜色富有层次感。

（4）保持"描边"颜色不变，在"描边面板"把粗细重新设置为"1 pt"，使用"画笔工具"在"头发底色"层画出刘海及发梢处的高光，并对所画路径执行"羽化"，羽化半径为"1 mm"，如图2-3-5所示。

图2-3-5　绘制浅色发丝和头发高光

二、各种发型的表现

1. 短发

使用"钢笔工具"画出头发外轮廓的封闭路径，并填充渐变色；然后画出每一股头发的封闭路径，填充棕色到白色的线性渐变，并设置混合模式为"正片叠底"；使用"画笔工具"，将描边粗细设置为"0.03 pt"，画出不同颜色的发丝，如图2-3-6所示。

图 2-3-6 短发的表现步骤

2. 盘发

使用"钢笔工具"画出头发外轮廓的封闭路径，填充渐变色，并执行"羽化"操作；画出两鬓阴影的形状，填充棕色到白色的线性渐变，并将其混合模式设置为"正片叠底"；使用"画笔工具"，将描边粗细设置为"0.05 pt"，画出不同颜色的发丝，如图 2-3-7 所示。

图 2-3-7 盘发的表现步骤

3. 卷发

（1）使用两"钢笔工具"画出两侧头发的形状，填充线性渐变，颜色的变化比较丰富，对头发形状分别执行"羽化"操作，羽化半径为"3 mm"，如图 2-3-8 所示。

图 2-3-8　画出两侧头发的路径，填充渐变色并羽化

（2）使用"钢笔工具"逐一画出头发转折处形成的阴影形状，并分别执行"羽化"，如图 2-3-9 所示。

图 2-3-9　画出头发的阴影路径，填充渐变色并羽化

（3）使用"画笔工具"，将描边粗细设置为"0.05 pt"，画出头发的分股走向，最后再为每股头发中添加更多发丝，注意颜色的变化要尽量丰富，如图 2-3-10 所示。

图 2-3-10　为头发分股并画出发丝

作业：

1. 掌握绘制人体动态的两种方法，使用任意方法绘制男性、女性人体动态各三个，方法不限，要求人体比例适当、形态美好、线条流畅。

2. 掌握"画笔面板"、"渐变面板"和"透明度面板"的基本操作，在所绘制的人体动态上，练习表现不同的发型及五官。

3. 练习将第 1 题和第 2 题绘制完成的作品导出为".jpg"格式。

第三章

Adobe Illustrator 服饰配件绘制技法

服饰配件是服装的重要组成部分，也是绘制服装效果图必备的要素。配饰的构成层次较少，绘制方法相对简单，本章将通过讲述几种典型配饰的绘制步骤，介绍基本工具的操作与材质的表现技法。

第一节　包袋绘制技法

一、绘制线稿

首先在新建文档的"图层面板"中创建四个图层，分别命名为"线稿"、"包带与提手"、"连接件"和"包袋颜色"，在"线稿"层使用"画笔工具"画出包袋线稿，选中所有路径在"透明度面板"中设置混合模式为"正片叠底"，如图3-1-1所示。

二、填充包袋颜色

设置"填色"为蓝色，"描边"为无，在"包袋颜色"层使用"钢笔工具"绘制包袋的路径，填充蓝色，如图3-1-2所示。

图3-1-1　绘制线稿　　　　　　　　　　图3-1-2　填充包袋颜色

三、绘制连接件

设置"填色"为金色，"描边"为深褐色，使用"圆角矩形工具"在"连接件"层绘制一大一小两个圆角矩形，选中两者，先后执行"对齐面板"中的"水平居中对齐"和"垂直居中对齐"操作；然后执行"路径查找器面板"中的"减去顶层"操作，如图3-1-3所示。

图 3-1-3　绘制连接件步骤

四、绘制包带与提手

将上步操作得到的连接件复制粘贴在适当位置，按同样方法在包袋侧面绘制两个椭圆形的连接件；然后设置"填色"为蓝色，"描边"为无，在"包带与提手"层绘制包带与提手，覆盖连接件，如图 3-1-4 所示。

图 3-1-4　绘制包带与提手

五、绘制金属链

（1）依照绘制连接件的方法，使用"椭圆工具"绘制两组圆环，使两组圆环交错放置并执行"垂直居中对齐"操作；然后使用"剪刀工具"在右侧圆环上剪去左侧圆环被覆盖的部分，如图 3-1-5 所示。

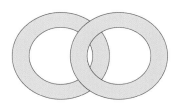
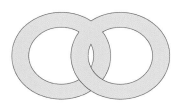

图 3-1-5　绘制金属链步骤 1

（2）使用"钢笔工具"补充路径，形成两个圆环左右相套的效果；最后，使用"剪刀工具"剪断左右两个圆环，删除不必要的部分，只留下图中的形状，如图 3-1-6 所示。

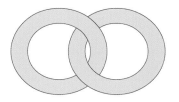

图 3-1-6　绘制金属链步骤 2

（3）将该形状拖进"画笔面板"，在弹出的"新建画笔"对话框中选择画笔类型为"图案画笔"。选中新建的图案画笔，使用"画笔工具"在"连接件"层上画出金属链，调整描边粗细以符合比例，并修改之前所绘椭圆形连接件，使其与金属链衔接自然，如图3-1-7所示。

图3-1-7　绘制金属链步骤3

六、表现明暗效果

（1）设置"填色"为无，"描边"为灰色，使用"画笔工具"在"包袋颜色"层上画出包袋底部的阴影，在"透明度面板"中设置混合模式为"正片叠底"，并对其执行"羽化"操作，使阴影过渡柔和，如图3-1-8所示。

图3-1-8　表现明暗效果步骤1

（2）依照此方法，画出其他部位的阴影，然后将"描边"改为白色，使用"画笔工具"画出包袋上的高光，如图3-1-9所示。最后绘制出包袋的铭牌，完成包袋效果图的绘制，如图3-1-10所示。

图3-1-9　表现明暗效果步骤2

图3-1-10　包袋完成图

第二节　鞋子绘制技法

一、绘制线稿

在"图层面板"创建"鞋带"、"阴影"、"线稿"和"颜色"几个图层，在"线稿"层使用"画笔工具"画出线稿，如图 3-2-1 所示。

二、填充颜色和图案

在"颜色"层使用"钢笔工具"分别绘制鞋面、鞋帮、鞋底和鞋跟路径，填充对应颜色，其中鞋帮填充"色板面板"左下角"色板库菜单"中的"图案/自然/自然_动物皮/印度豹"图案，如图 3-2-2 所示。

图 3-2-1　绘制鞋子的线稿

图 3-2-2　填充颜色

三、表现鞋底和鞋跟的木纹

选中鞋底和鞋跟路径，先后按"Ctrl+C"键和"Ctrl+F"键执行"复制"和"贴在前面"，对贴在前面的对象填充"色板库菜单"中的"图案/基本图形/基本图形_线条/10 | pi 40%"图案，并在"透明度面板"中将其混合模式设置为"滤色"，图案中的黑色被过滤，以表现鞋底和鞋跟的木纹效果，如图 3-2-3 所示。

四、绘制揿钮和鞋带

按前文介绍过的方法绘制圆环形的揿钮，复制多个放置在适当位置。然后使用"钢笔工具"在"鞋带"层绘制鞋带，如图 3-2-4 所示。

图 3-2-3 表现鞋底和鞋跟的木纹

3-2-4 绘制揿钮和鞋带

五、表现明暗效果

设置"填色"为白色到深棕色的线性渐变，"描边"为无，使用"钢笔工具"在"阴影"层上绘制鞋子里层的阴影路径，借助"渐变工具"调整渐变的方向与程度，并将对象的混合模式设置为"正片叠底"，如图3-2-5所示；再使用"画笔工具"画出鞋面上的阴影与高光，视情况可执行"羽化"操作，完成鞋子效果图的绘制，如图3-2-6所示。

图3-2-5　使用"钢笔工具"和"渐变工具"绘制阴影步骤

图3-2-6　鞋子完成图

第三节　腰带绘制技法

一、绘制线稿

以一款漆皮腰带为例，首先创建"线稿"、"阴影"和"颜色"三个图层，在"线稿"层使用"画笔工具"绘制腰带线稿，如图3-3-1所示。

二、填充颜色

设置"填色"为粉色，"描边"为无，使用"钢笔工具"绘制腰带路径，并填充粉色，将前后腰带之间的空白区域采用"减去顶层"的方法减去即可，如图3-3-2所示。

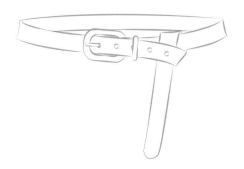

图 3-3-1 绘制腰带线稿

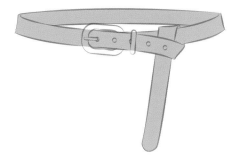

图 3-3-2 填充腰带颜色

三、绘制腰带连接件

设置"填色"为黄色到深棕色的线性渐变，"描边"为无，使用"钢笔工具"绘制腰带连接件，利用"渐变工具"调整渐变效果，如图 3-3-3 所示。

四、绘制阴影

将"填色"改为白色到灰色的线性渐变，使用"钢笔工具"在"阴影"层上逐一绘制腰带阴影，如图 3-3-4 所示。

图 3-3-3 绘制腰带连接件

图 3-3-4 绘制腰带阴影

五、绘制高光

设置"填色"为无，"描边"为白色，在"阴影"层绘制出腰带边缘、扣眼与连接件上的高光，补充连接件的阴影，完成腰带效果图的绘制，如图 3-3-5 所示。

图 3-3-5 腰带完成图

第四节　眼镜绘制技法

一、绘制线稿

在"图层面板"上创建"线稿"、"阴影"和"颜色"三个图层，使用"画笔工具"在"线稿"层绘制出眼镜的线稿，如图3-4-1所示。

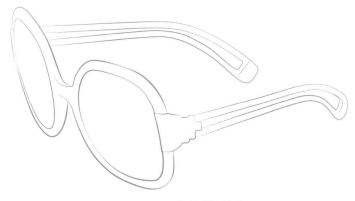

图3-4-1　绘制眼镜线稿

二、填充颜色

1. 填充镜片颜色

设置"描边"为无，结合"渐变面板"设置"填色"为棕色、米色和灰色三种颜色之间的线性渐变，选中"渐变滑块"右端灰色的色标，将所选灰色的不透明度调整为"40%"，使渐变趋向透明，然后使用"钢笔工具"在"颜色"层上绘制两个镜片的路径，填充已设置好的渐变色，如图3-4-2所示。

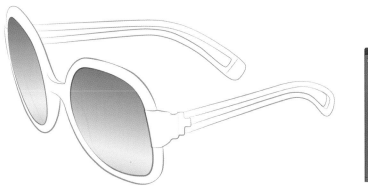
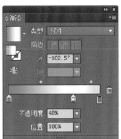

图3-4-2　填充镜片颜色

2. 填充其他部件颜色

使用"钢笔工具"分别为镜架、连接件等部件填充对应的渐变色，如图3-4-3所示。

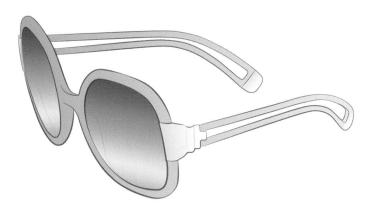

图 3-4-3　填充其他部件颜色

3. 表现明暗效果

设置"填色"为棕色到白色的线性渐变，"描边"为无，使用"钢笔工具"在"阴影"层上绘制镜架的阴影，并将混合模式设置为"正片叠底"，借助"渐变工具"调整渐变的效果，如图 3-4-4 所示。最后设置"填色"为无，"描边"为白色，绘制出镜框和镜架的高光，完成效果如图 3-4-5 所示。

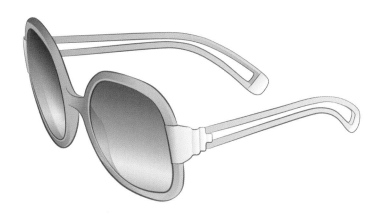

图 3-4-4　绘制镜架阴影

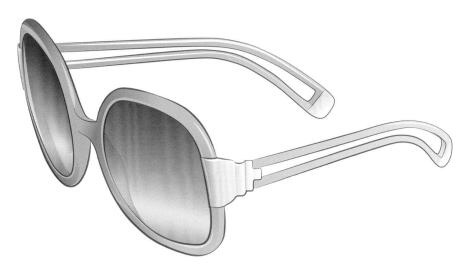

图 3-4-5　眼镜完成图

第五节　帽子绘制技法

一、绘制线稿

本节以一款棒球帽为例，首先在"图层面板"上创建"线稿"、"阴影"、"图案"和"颜色"三个图层，使用"画笔工具"在"线稿"层绘制棒球帽的线稿，如图3-5-1所示。

二、填充颜色

在"颜色"层使用"钢笔工具"绘制帽子对应路径，为棒球帽填充颜色，如图3-5-2所示。

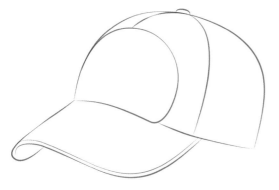

图3-5-1　绘制棒球帽线稿

图3-5-2　填充棒球帽颜色

三、绘制文字图案

1. 创建文字轮廓

棒球帽前以贴布绣的形式绣有文字图案，使用"字体工具"在画板空白处书写文字，书写时字体默认的"填色"为黑色，"描边"为无。然后对文字执行"字体"菜单下的"创建轮廓"操作，将字体转为曲线，再对字体对象设置"填色"为黄色，"描边"为深褐色，如图3-5-3所示。

图3-5-3　书写文字并"创建轮廓"

2. 封套扭曲文字对象

（1）将文字对象移动到棒球帽适当位置，使用"选择工具"旋转文字使其倾斜，然后执行"对象"菜单下的"封套扭曲/用变形建立"操作，在弹出的"变形选项"对话框中选择样式为"弧形"，调整弯曲、扭曲、水平和垂直选项的参数，使文字的扭曲弧度及透视程度与帽子接近，如图3-5-4所示。

图 3-5-4　利用"封套扭曲"使文字变形

（2）为对象执行"对象"菜单下的"扩展"操作，使用"橡皮擦工具"擦去文字图案左侧不必要的部分，并在"线稿"层上将被文字图案覆盖的线稿擦除；为表现文字图案边缘做旧的毛边效果，使用"宽度工具"的子工具"皱褶工具"点击文字图案的轮廓，图案边缘出现磨损效果，最后按上述方法完成其他图案，如图 3-5-5 所示。

图 3-5-5　完善图案绘制

四、表现明暗效果

设置"填色"为白色到灰色的线性渐变，"描边"为无，在"阴影"层上使用"钢笔工具"绘制帽子左右两侧的阴影部分，在"透明度面板"中设置混合模式为"正片叠底"，如图 3-5-6 所示；然后使用"画笔工具"表现高光部分；最后在"描边面板"对虚线进行设置，用"钢笔工具"绘制贴布绣图案的缝迹线，完成棒球帽效果图的绘制，如图 3-5-7 所示。

图 3-5-6　绘制棒球帽阴影

图 3-5-7　棒球帽完成图

第六节　项链绘制技法

一、绘制金属链

以一款宝石项链为例，首先在"图层面板"上创建"宝石"、"连接件"和"金属链"三个图层，依照前述方法，将以下形状定义为图案画笔，使用"椭圆工具"在"金属链"层上绘制一个椭圆形，用"橡皮擦工具"擦除形状顶端，如图 3-6-1 所示。

二、绘制连接件

在金属链的顶端，使用"钢笔工具"将金属链补充完整，并绘制出项链的连接件，如图 3-6-2 所示。

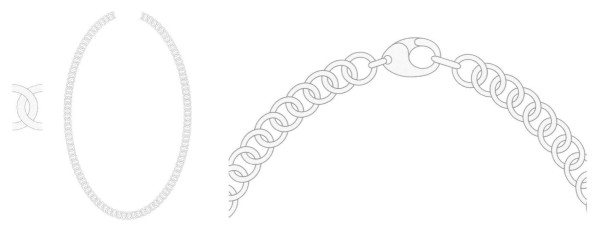

图 3-6-1　绘制金属链 　　　　　　　　　　　图 3-6-2　绘制连接件

三、绘制宝石

1. 绘制大宝石

使用"椭圆工具"在"宝石"层上绘制一个椭圆形作为宝石的形状，再使用"钢笔工具"绘制宝石上的明暗关系，如图 3-6-3 所示。选中构成宝石的所有对象，单击鼠标右键执行"编组"操作，按 Alt 键移动复制宝石，在"编辑"菜单下选择"编辑颜色 / 调整色彩平衡"，改变宝石的色相，得到两个形状相同而颜色不同的宝石。最后将两个宝石经多次复制、粘贴，排列在金属链上，如图 3-6-4 所示。

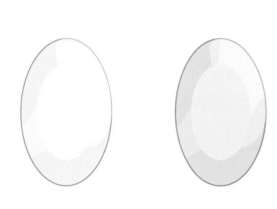

图 3-6-3　绘制宝石

图 3-6-4　将宝石排列在金属链底端

2. 绘制小宝石

绘制小宝石，经多次复制、粘贴后排列成如图 3-6-5 所示的形状，并执行"编组"操作。然后将编组后的对象多次复制、粘贴，排列到项链底端，完成项链效果图的绘制，如图 3-6-6 所示。

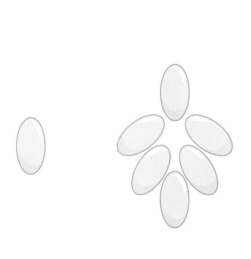

图 3-6-5　绘制小宝石

图 3-6-6　项链完成图

第七节　围巾绘制技法

一、绘制线稿

围巾的种类与形式繁多，本节以一款印花丝巾为例介绍丝巾的绘制步骤与丝巾图案的建立。首先创建"线稿"、"阴影"和"图案"三个图层，使用"画笔工具"在"线稿"层绘制丝巾线稿，如图 3-7-1 所示。

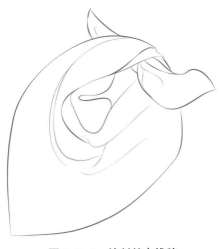

图 3-7-1　绘制丝巾线稿

图 3-7-2　绘制单元图案

二、新建图案色板

1. 绘制单元图案

设置"填色"为米色，"描边"为无，使用"矩形工具"在画板空白处画一个矩形作为图案的底色，在矩形上方以猫咪为主题绘制多个形状，完成单元图案的绘制，如图 3-7-2 所示。

2. 新建图案色板

将构成单元图案的所有对象（包括底色）全部选中，拖入"色板面板"，"色板面板"中会新增名为"新建图案色板 1"的图案色板。双击该图案色板图标，进入"图案编辑模式"，可以对拼贴类型、砖形位移等选项进行设置，可实现各类型图案的拼贴。如需保存新建图案，可单击"色板面板"左下角"色板库菜单"，执行"存储色板"操作。

3. 填充图案

使用"钢笔工具"在"图案"层绘制丝巾路径，填充"新建图案色板 1"图案，然后使用"钢笔工具"沿丝巾边缘绘制一条路径，选择"画笔面板"左下角"画笔库菜单"中的"边框 / 边框_装饰 / 马赛克"画笔，并对该路径执行"对象"菜单下的"扩展外观"操作，然后用"橡皮擦工具"将超出丝巾边缘的部分擦除，如图 3-7-3 所示。

图 3-7-3　填充丝巾图案

三、表现明暗效果

设置"填色"为白色到浅棕色的线性渐变，"描边"为无，使用"钢笔工具"在"阴影"层上绘制丝巾褶皱里的阴影路径，设置混合模式为"正片叠底"，调整渐变的方向及程度。最后使用"画笔工具"画出褶痕上方的高光，表现丝绸柔和的光泽，如图3-7-4所示。

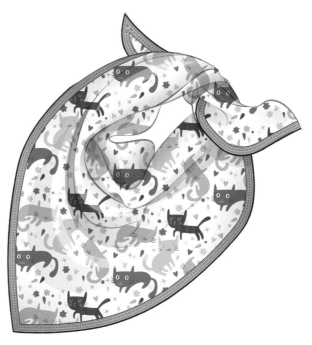

图 3-7-4 丝巾完成图

作业：

1. 掌握"编组""置于底层""封套扭曲""编辑颜色"等操作，绘制包袋、鞋子、腰带、眼镜、帽子、项链效果图各一幅，要求造型美观、透视准确、质感逼真。

2. 掌握"色板面板"的基本操作，设计并绘制一组单元图案，并使用"色板面板"将它新建为图案色板。

第四章

Adobe Illustrator 服装效果图绘制技法

除掌握服装款式图的绘制技法之外，服装设计工作者也需具备熟练绘制服装效果图的能力。合格的服装效果图要表达的要素包含服装款式、服装色彩、服装面料质感、服装结构，甚至可以传达出服装的风格、穿着者的气质和整体氛围，因此与服装款式图相比，服装效果图更强调对美感的传达，具备更高的欣赏价值。其中面料质感的表达是服装效果图绘制中的重要环节，因此，本章的内容将依据不同的面料来划分。

第一节　服装效果图绘制的步骤

服装效果图因其包含部件较多，绘制的步骤更为复杂，此外根据面料的不同质地，表现的手法或许非常多样，但尽管如此，仍可以总结出一定的绘图思路：

■ 第 1 步：绘制服装线稿。
■ 第 2 步：填充服装基本颜色。
■ 第 3 步：表现面料质感和服装明暗效果。

本节将以一款女式短风衣效果图作为案例，详细介绍使用 Adobe Illustrator CS6 绘制服装效果图的具体步骤。

一、绘制服装线稿

（1）新建一个文件，将绘制好的人体动态复制粘贴入新建文件的画板中央，在"图层面板"上将人体动态所在图层的名称更改为"人体"，在"人体"层之上创建若干新图层，从上至下分别命名为"服装线稿"、"风衣"、"短裤"、"鞋与包"和"人体阴影"，这些图层的排列顺序是由服装穿着的内外层次决定的。

（2）设置"填色"为无、"描边"为深棕色，在"画笔面板"上对"书法画笔选项"进行设置之后，使用"画笔工具"在"服装线稿"层上画出服装线稿，注意服装的结构线、衣纹线也需一应俱全。然后在"描边面板"中适当调整描边粗细，在"透明度面板"中将混合模式设置为"正片叠底"，如图 4-1-1 所示。

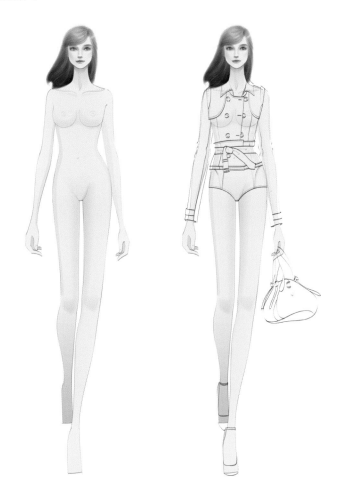

图 4-1-1　置入人体动态，绘制服装线稿

二、填充服装与配饰颜色

（1）在"风衣"层上使用"钢笔工具"绘制出风衣的外轮廓路径，填充上浅下深的蓝色系渐变色。

（2）分别在"短裤"及"鞋与包"层使用"钢笔工具"依次绘制出短裤、鞋、包的外轮廓路径，填充适当的渐变色，如图4-1-2所示。

三、表现服装和配饰明暗效果

（一）表现风衣明暗效果

（1）使用"钢笔工具"在"风衣"层上绘制出胸至腰之间的阴影，填充白色到深蓝色的线性渐变，在"透明度面板"中设置混合模式为"正片叠底"，借助"渐变工具"调整渐变的方向与程度。

（2）依据上述方法，保持以上设置不变，使用"钢笔工具"依次画出衣领、衣袖等各处阴影的路径，然后绘制出衣袖和腰带上的衣纹。

（3）设置"填色"为无，"描边"为白色，使用"画笔工具"画出衣领、衣袖、袖襻、肩线、扣子、腰带等各处的高光（如有需要，

图 4-1-2　填充服装与配饰颜色

也可对所画路径执行"羽化"操作，羽化半径适当设置），腰带扣用"钢笔工具"勾勒出路径并填充白色，如图4-1-3所示。

图 4-1-3　表现风衣明暗效果的步骤

（二）表现短裤明暗效果

（1）使用"钢笔工具"在"短裤"层上绘制出短裤末端的阴影路径，填充白色到深绿色的线性渐变。

（2）保持前一步的设置不变，把短裤左右两侧、被风衣覆盖处等阴影形状绘制出来，再用"画笔工具"，设置"填色"为无，"描边"为深绿色，画出短裤上的衣纹。

（3）设置"填色"为无，"描边"为白色，使用"画笔工具"画出衣纹亮部和几条接缝处的高光，如图4-1-4所示。

图 4-1-4 表现短裤明暗效果的步骤

（三）表现鞋与包明暗效果

按照上述方法，在"鞋与包"层上分别表现鞋与包的明暗效果，勾画人体上因衣领、袖口的覆盖而产生的阴影，整体观察调整，完成效果图的绘制，如图4-1-5所示。

第二节　雪纺面料服装效果图绘制技法

雪纺是一种质地轻薄透明的织物，以雪纺面料制成的服装穿着在人体上呈现出轻柔、飘逸的形态。本节以一款雪纺连衣裙的绘制为例，介绍使用 Adobe Illustrator 进行面料质感表现、衣纹处理、服装明暗及层次的表现方法等。

一、绘制服装线稿

新建一个文件，将绘制好的人体动态复制、粘贴入新建文件的画板中央，在"图层面板"上将人体动态所在图层的名称更改为"人体"，在"人体"层之上创建若干新图层，从上至下分别命名为"服装线稿"、"腰带"、"裙子"、"鞋子"和"人体阴影"等多个图层。使用"画笔工具"在"服装线稿"层上绘制出服装的线稿，如图4-2-1所示。

图 4-1-5 表现鞋与包的明暗效果，完成效果图的绘制

图 4-2-1　绘制服装线稿　　　　　　　　图 4-2-2　绘制裙子外轮廓路径并填色

二、填充裙子面料

（1）设置"填色"为浅米色、"描边"为无，在"裙子"层上，使用"钢笔工具"绘制出裙子外轮廓的封闭路径，并在"透明度面板"中降低裙子路径的不透明度，形成雪纺若隐若现的质感效果，如图 4-2-2 所示。

（2）填充裙子面料的方法要用到"建立剪切蒙版"操作，由于裙子本身可以分为三个部分，因此需要分别对每一部分执行"建立剪切蒙版"。首先将腰围线以下部分的外层裙子路径用"钢笔工具"绘制出来，如图 4-2-3 所示。

（3）将已准备好的面料素材图片拖入到当前文档，执行控制栏上的"嵌入"操作后，经移动和缩放后达到能覆盖裙子形状的大小，并单击右键执行"置于底层"，如图 4-2-4 所示。

（4）同时选中所绘路径与面料素材图片，单击右键选择"建立剪切蒙版"操作，所选路径填充入面料素材，并在"透明度面板"中设置混合模式为"正片叠底"，将不透明度调至"45%"隐约透出里层的人体，完成效果如图 4-2-5 所示。

（5）使用"钢笔工具"绘制出裙子腰围线以上部分的封闭路径，再次拖入面料素材图片缩放至适当大小，设置为"置于底层"，同时选中所绘路径和面料素材，执行"建立剪切蒙版"操作，并按此方法将胸前荷叶边部分也填充入面料素材，如图 4-2-7 所示。

图 4-2-3　绘制腰围线以下部分的外层裙子路径

图 4-2-4　置入面料素材图片并置于底层

图 4-2-5　同时选中所画的路径与面料素材执行
　　　　　"建立剪切蒙版"操作

图 4-2-6　利用"建立剪切蒙版"方法将连衣裙
　　　　　面料素材填充完整

三、表现裙子衣纹与明暗效果

（1）裙子的立体感是靠明暗效果表现的，使用"钢笔工具"在"裙子"层上绘制出胸和臀部较暗部位的路径，填充白色到棕色的线性渐变，设置所绘路径混合模式为"正片叠底"，结合"渐变工具"调整渐变的方向和程度，使以上两处分别呈现由明到暗的自然过渡，如图4-2-7所示。

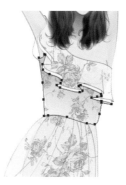

图4-2-7　绘制胸和臀部较暗部位的路径并填充渐变色

（2）在裙摆上使用"钢笔工具"分别逐条绘制出衣纹的路径，填充白色到棕色的渐变，设置为"正片叠底"，并适当调整它们的不透明度，如图4-2-8所示。

（3）绘制出里层裙子上的阴影路径，参照上一步进行设置，使内外两裙摆呈现明显的层次，如图4-2-9所示。

（4）设置"填色"为无、"描边"为白色，在"画笔面板"中选择"5pt.平面"画笔，双击该画笔图标，在"书法画笔选项"对话框中旋转画笔角度，使用"画笔工具"在每一条衣纹的边缘画出白色高光，并按需要调整不透明度，以增强裙子立体感，如图4-2-10所示。

图4-2-8　绘制衣纹路径　　　　　　　　图4-2-9　绘制里层裙子阴影路径

图 4-2-10 绘制衣纹的高光

四、绘制鞋子与腰带

（1）设置"描边"为无，"填色"为渐变，在"渐变面板"中选择渐变类型为"线性"，先后双击"渐变滑块"左、右两侧色标更改为棕色，在"渐变滑块"的居中位置单击添加一个新色标，并为其填充浅棕色，使用"钢笔工具"在"鞋子"层上分别绘制出两只鞋子外轮廓的路径，如图 4-2-11 所示。

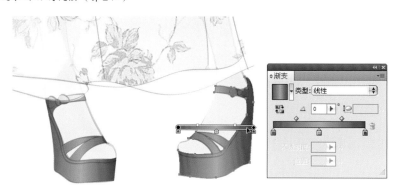

图 4-2-11　绘制鞋子路径并填充渐变色

（2）在"腰带"层上绘制腰带的路径，并填充渐变色，身后的飘带经填色后执行"羽化"和降低"不透明度"操作，增加其若隐若现的效果。最后设置"填色"为无、"描边"为白色，使用"画笔工具"在"人体阴影"层上画出手臂和胸部的高光，完成效果图的绘制，如图 4-2-12 所示。图 4-2-13、图 4-2-14、图 4-2-15 所示的是其他雪纺面料效果图例。

图 4-2-12　表现人体明暗关系，完成效果图的绘制　　　　　　图 4-2-13　雪纺面料效果图例 1

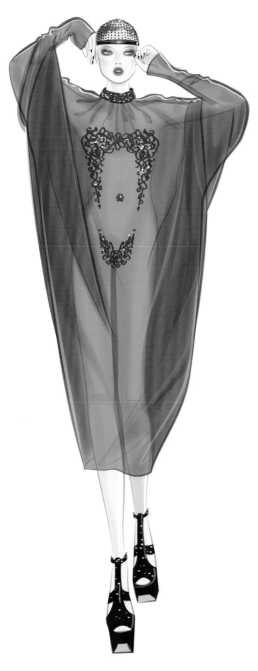

图 4-2-14 雪纺面料效果图例 2　　　　　　　图 4-2-15 雪纺面料效果图例 3

第三节　精纺面料服装效果图绘制技法

精纺面料除具备牢固耐磨、不易变形等性能优势之外，又因外观庄重、质地滑爽、色泽柔和、手感细腻等风格特点，被广泛应用于高档正装领域。本节将以男式西服套装为例，介绍精纺羊毛面料的表现技法。

一、绘制服装线稿

新建文档之后，在"图层面板"上创建命名"服装线稿"、"鞋子"、"外套"、"皮带与领带"、"裤子"、

"衬衣"和"人体阴影"等多个图层。使用"画笔工具"在"服装线稿"层上绘制出服装的线稿，如图4-3-1所示。

二、填充服装与配饰颜色

将"描边"设置为无，在"外套""皮带与领带""裤子""衬衣""鞋子"层上，使用"钢笔工具"分别绘制图层名称所对应的服饰外轮廓路径，并填充相应的渐变色，完成效果如图4-3-2所示。

图 4-3-1　置入男人体动态，绘制服装线稿　　　　图 4-3-2　在对应图层上分别填充服装与配饰的颜色

三、表现精纺面料质感

先后选中"外套"层上的外套轮廓路径和"裤子"层上的裤子轮廓路径，按"Ctrl+C"键进行复制，再按"Ctrl+F"键执行"贴在前面"。选中贴在前面的对象，单击"色板面板"左下角"色板库菜单"，选择"图案／基本图形＿纹理／粗麻布"图案进行填充，并在"透明度面板"中设置混合模式为"正片叠底"，降低填充对象的不透明度，以增强精纺面料的丰富质感，如图4-3-3所示。

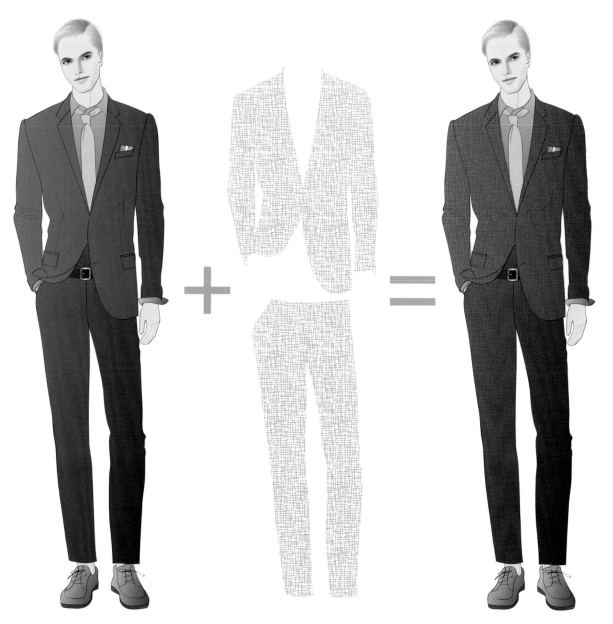

图4-3-3　表现精纺面料质感

四、表现服装衣纹与明暗效果

（1）设置"填色"为白色到灰色的线性渐变，"描边"为无，分别在"外套"、"衬衣"、"裤子"层上使用"钢笔工具"逐一绘制衣纹和暗部阴影的路径，为表现面料柔和自然的外观，还需对所绘制的路径分别执行"羽化"，并将这些路径的混合模式设置为"正片叠底"，依据需要降低它们的不透明度，如图4-3-4所示。

（2）设置"填色"为无，"描边"为白色，使用"画笔工具"在靠近服装轮廓的边缘处、裤子的挺缝线等位置画出几条表达高光的线条，不透明度和描边粗细依据需要进行调整。同时将衬衣、领带、腰带、鞋子的细节表达完整，完成效果图的绘制，如图4-3-5所示。图4-3-6所示的是其他精纺面料效果图例。

图 4-3-4　表现服装衣纹　　图 4-3-5　表现服装的高光及配饰细节，
　　　　　和暗部阴影　　　　　　　　　　完成效果图的绘制

图 4-3-6　其他精纺面料效果图例

第四节　针织面料服装效果图绘制技法

针织面料的种类很多，绘制针织服装效果图可使用较为简便的方法，即利用相应的针织面料素材来填充。但立体提花毛衣纹路较为复杂，实现其细致逼真的浮雕质感是需要一定技巧的。

一、绘制服装线稿

将绘制好的人体动态复制、粘贴入新建文档的画板中央，在"图层面板"上将人体动态所在图层的名称更改为"人体"，在"人体"层之上创建若干个新图层，从上至下分别命名为"服装线稿"、"腰带"、"毛衣"、"裙子"、"靴子"、"袜子"和"人体阴影"，使用"画笔工具"在"服装线稿"层上绘制服装的线稿，如图 4-4-1 所示。

二、填充服装与配饰颜色

在"袜子"、"靴子"、"裙子"、"毛衣"和"腰带"层上使用"钢笔工具"分别绘制出图层所对应的服饰的外轮廓路径，注意务必将"描边"设置为无，"填色"可采用适合的线性渐变，完成效果如图 4-4-2 所示。

图 4-4-1　绘制服装线稿

图 4-4-2　填充服装和配饰的颜色

三、表现毛衣质感

（一）表现平纹底纹

（1）在"毛衣"层上，同时选中构成毛衣的所有路径，按"Ctrl+C"键执行"复制"操作、再按"Ctrl+F"键执行"贴在前面"操作，便得到上下两个层次的毛衣路径。

（2）选中上层的毛衣路径，选择填充"色板面板"左下角的"色板库菜单"中的"图案/装饰/装饰旧版/鱼脊形双色"图案（如使用CS5及以下版本，则填充"图案/装饰/古典_箭尾形2"图案）。然后对所填充的图案执行"编辑"菜单下"编辑颜色/重新着色图稿"操作，双击"重新着色图稿"对话框中"新建"一栏，先后将图案的底色更改为白色，鱼脊形图案的颜色更改为黑色。

（3）在"透明度面板"中将混合模式的选项改为"滤色"，在"滤色"模式下，黑色会被过滤，适当调整不透明度之后留下浅淡的平纹底纹，如图4-4-3所示。

图 4-4-3　表现毛衣底纹的方法

（二）表现麻花扭纹

（1）设置"填色"为无，"描边"为黑色，在画板空白处使用"椭圆工具"画出内外两个椭圆，对这两个椭圆先后执行"水平居中对齐"和"垂直居中对齐"操作，并对两者进行"编组"；复制编组后的形状并粘贴，将两组形状上下重叠放置，执行"水平居中对齐"操作，如图4-4-4所示。

（2）按住 Shift 键，使用"直接选择工具"同时选中如图4-4-5所示的4个锚点（实心的锚点为被选中的锚点），按 Delete 键对所选锚点执行删除。

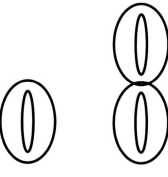

图 4-4-4　表现麻花扭纹步骤 1　　　　　　图 4-4-5　表现麻花扭纹步骤 2

（3）使用"添加锚点工具"在两个大的半圆形相交的左右交点位置添加两个锚点；选中中间的锚点按 Delete 键执行删除；再使用"路径橡皮擦工具"断开上方小椭圆的路径，步骤如图4-4-6所示。

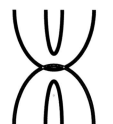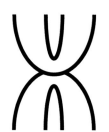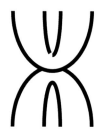

图 4-4-6　表现麻花扭纹步骤 3

（4）对原来编组的对象先执行"取消编组"，然后将左上方的小椭圆与右下方的大椭圆的两个端点进行"连接"；经过调整后使路径顺滑流畅；使用上述方法最终调整为如图4-4-7所示的图形，并对构成该图形的所有路径执行"编组"。

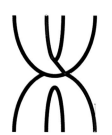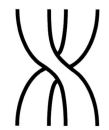

图 4-4-7　表现麻花扭纹步骤 4

（5）选中该图形，双击"工具箱"中的"旋转工具"，在弹出的"旋转"对话框中将角度设置为"90°"，将该图形拖入"画笔面板"，在弹出的"新建画笔"对话框中选择新画笔类型为"图案画笔"，"画笔面板"中便会出现新建的画笔，如图4-4-8所示。

图 4-4-8　将图形定义为"图案画笔"

（6）设置"描边"为粉橘色，选择新建的图案画笔，画出毛衫上的麻花扭纹，如图4-4-9所示。

（7）使用"画笔工具"画出麻花扭纹暗部的阴影，对所有阴影的路径执行"羽化"操作，使阴影看起来更柔和，然后画出门襟、下摆和袖口处的罗纹。再使用"钢笔工具"绘制出毛衣腰部、肘部和侧缝等处的阴影路径，填充白色到浅棕色的线性渐变，设置混合模式为"正片叠底"，并对不透明度进行适当调整，完成效果如图4-4-10所示。

图 4-4-9　选择新建的图案画笔，画出麻花扭纹　　　　图 4-4-10　表现毛衣的明暗效果

四、表现裙子衣纹与明暗效果

　　设置"描边"为无，"填色"为白色到粉色的线性渐变，使用"钢笔工具"绘制出裙子胸、肩、腰与侧缝处的阴影路径及裙子上的衣纹路径，在"透明度面板"上设置混合模式为"正片叠底"，并对不透明度进行调整使阴影过渡柔和。最后使用"画笔工具"在几条衣纹的边缘画出白色高光，完成效果如图4-4-11所示。

图 4-4-11　表现裙子衣纹与明暗效果　　　　图 4-4-12　表现靴子与腰带质感，完成效果图的绘制

五、表现袜子、靴子与腰带质感

在"袜子"层上使用"钢笔工具"绘制出每条腿两侧较暗区域的路径,填充白色到深棕色的线性渐变,设置混合模式为"正片叠底";设置"填色"为无,"描边"为白色,使用"画笔工具"在"靴子"层上画出靴子的高光,在"腰带"层上画出腰带的高光,注意要调整不透明度来区分明暗的层次;最后在"人体阴影"层上,使用"钢笔工具"绘制出由于袖口、衣领的覆盖而使人体产生的阴影,填充白色到赭石色的线性渐变,设置混合模式为"正片叠底",完成效果图的绘制,如图4-4-12所示。

图4-4-13是针织面料效果图例,毛衣的图案是选用"画笔面板"左下角"画笔库菜单"中的"边框"子菜单所包含的各种边框画笔绘制而成。图4-4-14中毛衣的图案则是填充了"色板面板"左下角"色板库菜单"中的"图案/自然/叶子_柳枝"图案,并在"透明度面板"上设置该图案的混合模式为"滤色"绘制而成的。

图 4-4-13　针织面料效果图例 1　　　　　　图 4-4-14　针织面料效果图例 2

第五节 牛仔面料服装效果图绘制技法

牛仔面料质地厚实紧密、牢固耐磨、穿着舒适，因此牛仔面料不仅广泛用于各类服装，也易于和其他服饰搭配，尤其是经过洗水处理后的牛仔面料，呈现更为丰富自然的质感。本节将以牛仔裙效果图为例，介绍牛仔面料洗水效果表现的技法。

一、绘制服装线稿

将人体动态复制、粘贴入新建文档的画板中央，打开"图层面板"，在"人体"层之上创建若干个新图层，从上至下分别命名为"服装线稿"、"外套"、"T恤"、"裙子"、"鞋子"和"人体阴影"，使用"画笔工具"在"服装线稿"层上绘制出服装线稿，如图4-5-1所示。

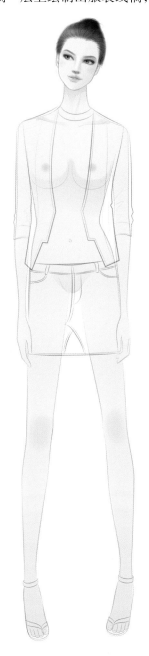

图 4-5-1 绘制服装线稿　　　　　　　　　图 4-5-2 填充服装与配饰颜色

二、填充服装与配饰颜色

设置"描边"为无，分别在"外套"、"T恤"、"裙子"和"鞋子"层上使用"钢笔工具"绘制每个图层所对应的服饰外轮廓路径，填充合适的线性渐变色，完成效果如图4-5-2所示。

三、绘制T恤图案与明暗效果

（1）利用"混合"操作绘制T恤条纹图案。设置"填色"为深蓝色，"描边"为无，使用"矩形工具"在"T恤"层上绘制上下两个矩形。同时选中两个矩形，选择"对象"菜单中的"混合/建立"，双击"工具箱"中的"混合工具"，在弹出的"混合选项"对话框中设置间距为"指定的步数"，参考值为12，绘制出条纹图案，如图4-5-3所示。

图 4-5-3　绘制 T 恤图案步骤 1

（2）对混合后的对象执行"对象"菜单下的"扩展"操作，然后选择"工具箱"中的"变形工具"，按住鼠标左键在领口、胸部、下摆三处根据人体的走势移动，T恤条纹图案将随身体起伏产生变化，如图4-5-4所示。

图 4-5-4　绘制 T 恤图案步骤 2

（3）设置"填色"为白色到灰色的线性渐变，"描边"为无，使用"钢笔工具"绘制出肩部、胸部下方以及因外套覆盖而产生的阴影，混合模式设置为"正片叠底"，结合"渐变工具"调整渐变的效果，完成效果如图4-5-5所示。

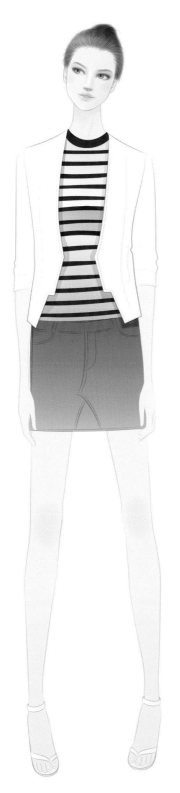

图 4-5-5　表现 T 恤的明暗效果

图 4-5-6　表现外套衣纹与明暗效果

四、表现外套衣纹与明暗效果

设置"填色"为白色到灰色的渐变，"描边"为无，使用"钢笔工具"在"外套"层上绘制衣袖处的衣纹与明暗效果，如图 4-5-6 所示。

五、绘制金属扣

（1）设置"填色"为浅灰色到深灰色的线性渐变，"描边"为深灰色，使用"椭圆工具"在画板空白处绘制一个圆形；然后设置"描边"为无，绘制一个较小的圆形；同时选中两个圆形，在"对齐面板"上先后执行"水平居中对齐"和"垂直居中对齐"；保持上一步对填色描边的设置，再绘制一个圆形，单击鼠标右键执行"排列/置于底层"，把该圆形作为纽扣的阴影置于纽扣底层，把以上三个对象同时选中进行"编组"，步骤如图4-5-7所示。

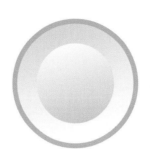

图 4-5-7　绘制金属扣步骤

（2）将编组后的纽扣经复制后分三次粘贴到门襟处，同时选中三粒纽扣先后执行"对齐面板"中的"水平居中对齐"和"垂直居中分布"；然后旋转排列好的三粒纽扣，摆放到适当位置；最后绘制另一侧门襟上的扣眼，补充口袋处的纽扣，如图4-5-8所示。

图 4-5-8　排列金属扣的位置，并绘制扣眼

六、表现牛仔裙洗水效果

（1）在"裙子"层上复制裙子路径，按"Ctrl+F"键粘贴，于是得到上下两层裙子路径。选中下层裙子路径，执行"效果"菜单下的"纹理/颗粒"操作；选中上层裙子路径，填充"色板面板"左下角"色板库菜单"中的"图案/基本图形_纹理/对角线"图案，并在"透明度面板"中将该图案的混合模式调整为"滤色"，得到斜纹效果，如图4-5-9所示。

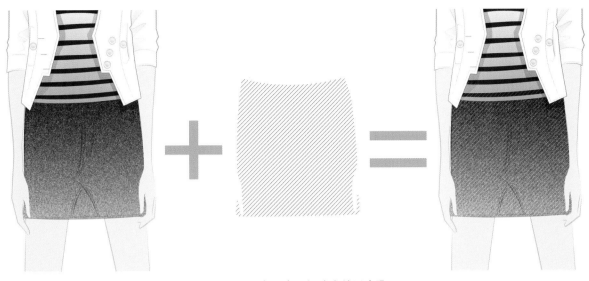

图 4-5-9　表现牛仔裙洗水效果步骤 1

（2）设置"填色"为白色到深蓝色的线性渐变，"描边"为无，在腰围、下摆和搭门附近绘制出阴影形状，混合模式设置为"正片叠底"；设置"填色"为白色，"描边"为无，使用"椭圆工具"在裙子下摆绘制两个椭圆，并执行"羽化"操作，羽化半径参考值为 7，用来表现洗水效果，如图 4-5-10 所示。

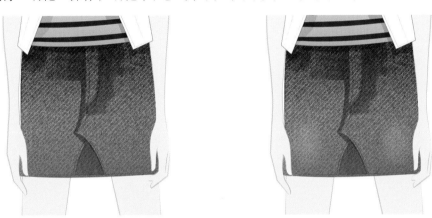

图 4-5-10　表现牛仔裙洗水效果步骤 2

（3）设置"填色"为无，"描边"为深蓝色，使用"画笔工具"在裙子上绘制多条随意的线条，并将它们的混合模式设置为"正片叠底"，适当调整不透明度；然后将"描边"更改为白色，再绘制一些白色的线条，在靠近裙摆的左右两侧绘制得密集一些，以表达磨损的效果，最后画出纽扣，如图 4-5-11 所示。

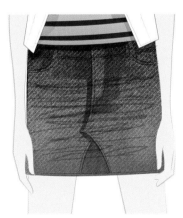

图 4-5-11　表现牛仔裙洗水效果步骤 3

七、补充人体阴影

在"人体阴影"层上使用"钢笔工具"绘制出因衣裙和鞋子的覆盖而产生的阴影路径，填充白色到赭石色的线性渐变，结合"渐变工具"调整渐变的程度与方向，在身体两侧使用"画笔工具"绘制出白色高光，完成效果图的绘制，如图 4-5-12 所示。图 4-5-13 是其他牛仔面料效果图例。

图 4-5-12　补充人体阴影，完成效果图的绘制　　　　图 4-5-13　牛仔面料效果图例

第六节 皮革与裘皮面料服装效果图绘制技法

用皮革或裘皮制成的服装，其质感既雍容豪华，又富有光泽，本节将以两款服装为例，分别介绍表现皮革的细腻光泽和裘皮的蓬松质感的绘制方法。

一、皮革面料服装效果图绘制技法

（一）绘制服装线稿

将人体动态复制、粘贴入新建文档的画板中央，将人体动态所在图层更名为"人体"层，在"人体"层之上创建若干图层，从上至下分别命名为"服装线稿"、"领结"、"外套"、"腰带"、"裤子"、"衬衫"和"人体阴影"，在"服装线稿"层上使用"画笔工具"画出服装线稿，如图4-6-1所示。

（二）填充服装颜色

设置"描边"为无，在"领结""外套""裤子""衬衫"层上分别绘制出对应的服装外轮廓的路径，填充对应的渐变色。注意：因裘皮外套的蓬松特性，需将绘制的外套路径进行"羽化"，如图4-6-2所示。

图 4-6-1 绘制服装线稿

图 4-6-2 填充服装颜色

（三）绘制衬衫与领结

（1）在"衬衫"层上选中之前绘衬衫路径，先后按"Ctrl+C"键和"Ctrl+F"键复制该路径并粘贴在前面，从而得到上下两个层次的衬衫路径，选中上层衬衫路径打开"色板面板"左下角的"色板库菜单"，选择填充"图案 / 基本图形 / 点 _10 dpi 30%"图案，并设置其混合模式为"滤色"。然后使用"画笔工具"绘制出衬衫胸前的图案和衣纹，如图 4-6-3 所示。

图 4-6-3　填充衬衫图案并绘制衣纹

（2）在"领结"层上选中领结的路径，先后按"Ctrl+C"键和"Ctrl+F"键进行复制、粘贴，选中上层领结的路径使用"吸管工具"吸取衬衫上的图案，并在"透明度面板"中将混合模式改为"正常"，并适度降低该路径的不透明度。然后设置"描边"为无，"填色"为白色到深灰色的线性渐变，使用"钢笔工具"绘制出领结上的阴影路径，混合模式为"正片叠底"，最后使用"画笔工具"画出高光，如图 4-6-4 所示。

图 4-6-4　填充领结图案并绘制阴影

（四）表现皮裤质感

（1）设置"填色"为无，"描边"为黑色，使用"画笔工具"画出裤裆处的衣纹与裤腿两侧的阴影，设置描边粗细为"10 pt"左右，并对每根线条都执行"羽化"操作，使明暗过渡柔和；然后设置"描边"为无，"填色"为白色，使用"钢笔工具"绘制出两只裤腿中间高光区域的路径，并为路径执行"羽化"操作，如图 4-6-5 所示。

（2）设置"填色"为无，"描边"为白色，使用"画笔工具"画出一条裤子褶皱的高光，并对这些路径执行"羽化"操作，羽化半径为"0.5 pt"左右，然后将"描边"颜色改为黑色，使用"画笔工具"在每一条高光下面画出深色的阴影，以表现褶皱的立体感，依照此方法完成皮裤上的每一条褶皱。注意：膝盖处的褶皱应稍微密集一些，如图 4-6-6 所示。

图 4-6-5　表现皮裤明暗效果 　　　　　　　　　　　　　图 4-6-6　绘制皮裤上的褶皱

（五）表现裘皮质感

（1）考虑到外套的裘皮质地，不宜用线稿限制其边缘，因此首先在"服装线稿"层上删除外套线稿的路径，然后在"外套"层上选中外套路径，先后按"Ctrl+C"键和"Ctrl+F"键复制并粘贴在前面，选中上层路径，选择"效果"菜单下的"纹理 / 颗粒"，在弹出的"颗粒"对话框中选择颗粒类型为"结块"，并调整强度和对比度，如图 4-6-7 所示。

（2）设置"填色"为无，"描边"为深紫色，单击"画笔面板"左下角"画笔库菜单"选择"艺术效果 / 粉笔炭笔铅笔 _ 粉笔"画笔，使用"画笔工具"沿着外套边缘画出一条路径来模仿皮草质地，随后画出更多的线条，布满整个外套，如图 4-6-8 所示。

图 4-6-7　为外套添加颗粒效果　　　图 4-6-8　使用"粉笔"画笔表现裘皮质感　　　图 4-6-9　增强外套明暗层次对比

（3）保持上述设置不变，将"描边"颜色改为白色，在外套肩部和袖子等部位画一些线条，增强外套明暗层次的对比，如图4-6-9所示。

（4）最后在"腰带"层绘制腰带细节，在"人体阴影"层，使用"画笔工具"画出下颌与手的阴影，完成皮草效果图的绘制，如图4-6-10所示。

二、裘皮面料服装效果图绘制技法

（一）绘制服装线稿

将人体动态粘贴到新建文档的画板中央，在"人体"层之上创建若干新图层，自上而下分别命名为"服装线稿"、"流苏"、"裘毛"、"裘皮外套"、"裙子"、"头饰、颈饰与鞋子"和"人体阴影"，使用"画笔工具"在"服装线稿"层上绘制服装线稿，如图4-6-11所示。

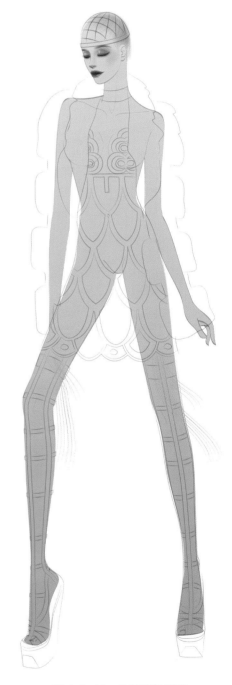

图4-6-10　绘制腰带和人体阴影　　　　　　　　图4-6-11　绘制服装线稿

（二）填充服装与配饰颜色

在"流苏"、"裘毛"、"裘皮外套"、"裙子"、"头饰、颈饰与鞋子"诸层分别用"钢笔工具"绘制出对应的服饰路径，填充适合的渐变色。注意：衣领与衣袖处的裘毛路径在填充渐变色之后，要执行"羽化"操作来表现裘毛的蓬松感，并在"服装线稿"层上删除衣领与衣袖上对应的线条，如图 4-6-12 所示。

（三）表现亮片裙质感

（1）在"裙子"层上选中裙子路径，先后按"Ctrl+C"键和"Ctrl+F"键复制、粘贴，得到上下两个层次的裙子路径，对上层裙子路径执行"效果"菜单下的"纹理 / 颗粒"操作,在弹出的"颗粒"对话框中选择颗粒类型为"结块"，裙子表面便呈现亮片效果，并根据需要调整强度和对比度；然后设置"填色"为褐色,"描边"为无，使用"钢笔工具"绘制出裙子上较暗部分的路径，设置混合模式为"正片叠底"，调整不透明度，如图 4-6-13 所示。

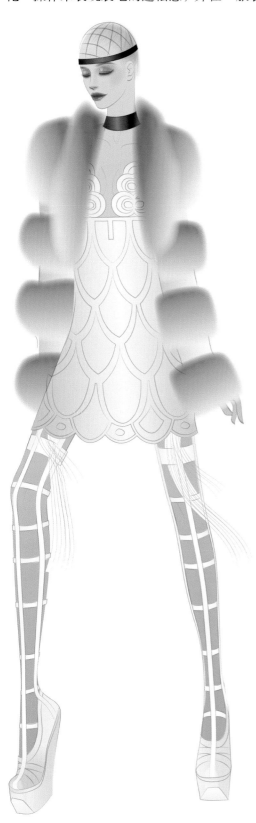

图 4-6-13　表现亮片裙质感步骤 1

（2）设置"填色"为白色到深绿色的线性渐变，"描边"为无，使用"钢笔工具"绘制出裙子每一个扇贝形裁片的路径，经执行"正片叠底"和降低不透明度操作后，表现出每一片的明暗效果；最后使用"椭圆工具"绘制出裙子上深深浅浅的亮片，注意：亮片不必一一绘制，画出一组，经多次复制、粘贴即可，如图 4-6-14 所示。

图 4-6-12　填充服装与配饰颜色

图 4-6-14　表现亮片裙质感步骤 2

（四）表现裘毛效果

首先在"裘毛"层上使用"画笔工具"表现衣领和衣袖每一团裘毛的明暗效果，然后将画笔描边粗细调细，绘制颜色较深的裘毛，再绘制颜色较浅的裘毛。注意：裘毛不必逐根绘制，绘制一些，经多次复制、粘贴即可，如图4-6-15所示。

图 4-6-15　使用"画笔工具"表现裘毛效果

（五）绘制配饰

在"头饰、颈饰与鞋子"层上完善头饰和鞋子的细节，头饰中的珠片使用"椭圆工具"绘制而成；在"流苏"层上使用"钢笔工具"绘制流苏的路径，填充渐变色，再用"画笔工具"画出几根白色的线条来表现流苏的飘逸，最后补充人体颈部和胸部的明暗效果，完成效果图的绘制，如图4-6-16所示。而图4-6-17是其他裘皮面料效果图例，图中的裘毛效果较为概括，主要用到了"羽化"操作。

图 4-6-16　完成裘皮面料效果图的绘制　　　　　图 4-6-17　裘皮效果图例

第七节　蕾丝面料服装效果图绘制技法

蕾丝面料因其具有透明、精致等特点，成为构成女装浪漫、神秘必不可少的元素。蕾丝面料既可以使用面料素材，也可以借助 Adobe Illustrator 丰富的图案库和画笔库来表达。

一、绘制服装线稿

将人体动态复制、粘贴入新建文档的画板中央，在"人体"层之上创建若干新图层，自上至下为它们分别命名为"服装线稿"、"衬衣"、"内衣"、"长靴"和"人体阴影"层，在"人体"层下面创建一个图层，命名为"背景"层，使用"画笔工具"画出服装线稿，如图4-7-1所示。

图4-7-1　绘制服装线稿

二、绘制蕾丝内衣

（1）使用"钢笔工具"在"内衣"层绘制出文胸和内裤的路径，填充白色到红色的线性渐变，将混合模式设置为"正片叠底"，并降低不透明度。使用"钢笔工具"绘制出罩杯及内裤上要填充第一种蕾丝图案的轮廓路径，同时选中这些路径，选择"色板面板"左下角"色板库菜单"中的"图案/自然_叶子/花藤"图案进行填充，如图4-7-2所示。

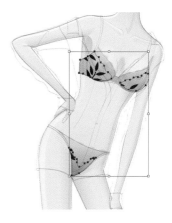

图4-7-2　填充内衣颜色与图案

（2）选择"对象"菜单下的"变换/缩放"选项，取消对"对象"选框的勾选，设置等比缩放的比例为"20%"将图案缩小，再执行"编辑"菜单下的"编辑颜色/调整色彩平衡"操作，在弹出的"调整颜色"对话框中勾选"预览"和"转换"，将黑色取值调至"-100%"，将洋红和黄色调至"100%"以转变图案颜色，如图4-7-3所示。

（3）使用"钢笔工具"绘制出要填充第二种蕾丝图案的轮廓路径，填充"色板库菜单"中的"图案/自然_叶子/三花瓣"图案，并按照前述方法调整缩放比例和颜色；使用"钢笔工具"绘制出文胸与内裤边缘的路径，选择"画笔面板"左下角"画笔库菜单"中的"装饰/典雅的卷曲和花形画笔组/皇家"画笔，按前述方法编辑颜色，最后使用"钢笔工具"绘制出肩带、钢托等处的封闭路径以及内裤边缘处的封闭路径，填充浅红色到深红色的线性渐变，得到如图4-7-4所示效果。

图4-7-3　缩小图案并调整图案颜色

图4-7-4　完成蕾丝图案的填充与颜色调整

图4-7-5　填充衬衣颜色并绘制衣领、门襟和袖克夫

（2）使用"画笔工具"把衬衣的结构线补充完整，画出省道与扣子等细节；设置"填色"为无，"描边"为白色，使用"画笔工具"画出衬衣上的各种衣纹，注意它们的不透明程度应有一定的变化，如图4-7-6所示。

三、绘制衬衣

（1）设置"描边"为无，"填色"为白色，使用"钢笔工具"在"衬衣"层绘制出衬衣轮廓的封闭路径，并适当降低不透明度，隐约露出内衣；然后绘制衣领、门襟和袖克夫的封闭路径，填充白色，如图4-7-5所示。

图4-7-6　完善衬衣的细节与衣纹

四、绘制靴子

在"靴子"层绘制出靴子的路径，先后按"Ctrl+C"键和"Ctrl+F"键复制、粘贴为上下两层。下层路径设置"描边"为无，"填色"选择在"渐变面板"中双击"渐变滑块"两端的色标设置深红色到黑色的线性渐变，并将黑色色标的不透明度更改为0%；上层路径则填充和内衣相同的图案，同时将上下两层路径的混合模式都设置为"正片叠底"，完成效果如图4-7-7所示。

五、绘制背景

（1）由于服装的颜色较浅，用深色的背景来衬托会使画面的视觉效果更为强烈。设置"描边"为无，在"背景"层上使用"矩形工具"绘制一个深红色的矩形，如图4-7-8所示。

（2）使用"网格工具"在矩形中靠上的位置点击一下，此处便出现一个网格点，双击"工具箱"的"填色"将此网格点的颜色设置为较浅的红色，然后添加其他网格点，并为它们设置颜色，如图4-7-9所示。图4-7-10是绘制完成的蕾丝面料效果图。图4-7-11、图4-7-12是其他蕾丝面料效果图例，图中的蕾丝图案都是采用手绘的方式表现的。

图4-7-7 绘制靴子

图4-7-8 绘制深红色矩形

图4-7-9　使用"网格工具"完成背景　　　　　图4-7-10　完成蕾丝面料效果图的绘制

图 4-7-11　蕾丝面料效果图例 1　　　　　图 4-7-12　蕾丝面料效果图例 2

第八节　网纱面料服装效果图绘制技法

网纱，或称网眼纱、网眼布，是服装中的常见面料，尤其用在女装、礼服上居多。层层叠叠的半透明网纱堆积起来，蓬松、朦胧的质感为女性增添柔美飘逸的气质。在表现这类面料时，不必将一个个网眼仔细地绘制出来，只需表达出其外观效果即可。

一、绘制服装线稿

将人体动态复制、粘贴入新建文档的画板中央，在"图层面板"上将人体动态所在图层的名称更改为"人体"，在"人体"层之上创建若干新图层，从上至下分别命名为"服装线稿"、"图案"、"网纱"、"裙子"和"人体阴影"层，使用"画笔工具"在"服装线稿"层上画出服装线稿，如图4-8-1所示。

图4-8-1　绘制服装线稿

二、表现网纱效果

（1）设置"填色"为浅褐色到浅米色的线性渐变，"描边"为无，使用"钢笔工具"在"裙子"层上绘制出礼服裙外轮廓的封闭路径，如图 4-8-2 所示。

图 4-8-2 填充裙子颜色

（2）设置"填色"为灰褐色，"描边"为无，在"网纱"层上使用"钢笔工具"在裙摆处绘制一个梯形路径，把该路径的混合模式调整为"正片叠底"，不透明度也适当降低，如图 4-8-3 所示。

图 4-8-3　表现网纱效果步骤 1

图 4-8-4　表现网纱效果步骤 2

（3）按住 Alt 键移动复制该路径到其他位置，与原有的形状形成交叠，如图 4-8-4 所示。

（4）用上述方法多次复制、粘贴梯形形状，铺满整个裙摆，注意应避免粘贴的密度过于均匀，最终大致形成网纱层叠的效果，如图 4-8-5 所示。

图 4-8-5　表现网纱效果步骤 3

图 4-8-6　表现网纱效果步骤 4

（5）使用"钢笔工具"在网纱重叠密集的位置绘制出三角形路径，并设置混合模式为"正片叠底"，降低该路径的不透明度，如图4-8-6所示。

（6）多次复制、粘贴三角形路径到其他位置，并对这些经粘贴后的三角形路径分别进行旋转、缩放，或调整不透明度的操作，使它们的形状、大小避免千篇一律，并在"服装线稿"层上删除礼服裙下摆和侧缝的线条，使网纱的效果更加自然，如图4-8-7所示。

（7）设置"描边"为白色，"填色"为无，使用"画笔工具"画出裙摆上较亮的褶纹，再将"描边"调整为深褐色，画出裙摆上较暗的褶纹，并设置混合模式为"正片叠底"，如图4-8-8所示。

图4-8-7　表现网纱效果步骤5　　　　　　　图4-8-8　表现网纱效果步骤6

三、绘制蕾丝图案

（1）单击"画笔面板"左下角"画笔库菜单"按钮，选择"边框_装饰/巴洛克式"画笔，在"图案"层使用"画笔工具"沿着胸衣边缘画出两条路径来模拟蕾丝效果，并选中所画路径，执行"编辑"菜单下"编辑颜色/重新着色图稿"操作，在弹出的"重新着色图稿"对话框中双击"指定着色方法"的色标，选择黑色；保持上述设置，补充肩部和腰部的蕾丝图案，如图4-8-9所示。图4-8-10是蕾丝全部绘制完成后的效果。

（2）使用"椭圆工具"绘制若干个白色的圆形来表现闪烁的亮片，注意分别调整这些圆形的不透明度，最后在"人体阴影"层画出手臂、胸部等处的阴影及高光，完成效果图的绘制，如图4-8-11所示。图4-8-12是其他网纱面料效果图例。

图 4-8-9 使用"巴洛克式"画笔绘制蕾丝图案

图 4-8-10 蕾丝绘制完成效果　　　　图 4-8-11 补充亮片、人体阴影与高光，完成网纱面料
效果图的绘制

图 4-8-12　其他网纱面料效果图例

第九节　粗纺面料服装效果图绘制技法

　　粗纺面料具备厚实保暖、风格粗犷、花色繁多等特点，尤其是粗花呢面料以各色纱线和花纹组织配合织出人字格、千鸟格等图案，具有持久的经典魅力，Adobe Illustrator 软件的图案库恰好提供了丰富的图案素材和效果菜单，可以逼真地表现粗花呢的外观效果。

一、绘制服装线稿

将绘制好的人体动态复制、粘贴入新建文档的画板中央，在"人体"层之上创建若干个新图层，从上至下分别命名为"服装线稿"、"外套"、"配饰"、"短裤"、"上衣"和"人体阴影"层，在"服装线稿"层上使用"画笔工具"画出服装及配饰的线稿，并设置混合模式为"正片叠底"，如图4-9-1所示。

二、填充服装与配饰颜色

设置"描边"为无，使用"钢笔工具"在各图层上绘制图层所对应的服装及配饰的外轮廓路径，填充合适的渐变色，如图4-9-2所示。

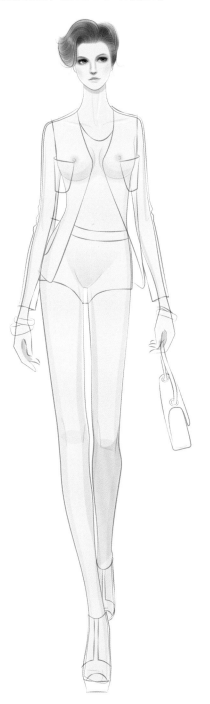

图 4-9-1　绘制服装线稿

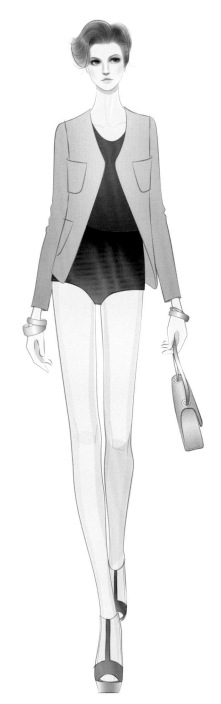

图 4-9-2　填充服装与配饰颜色

三、表现粗花呢质感

（1）外套的粗花呢质感是三个层次叠加产生的效果。在"外套"层上选中外套的路径，按"Ctrl+C"键进行复制，然后按两次"Ctrl+F"键在原位置粘贴两次，一共形成三个层次。底层填充的是外套颜色，中间层填充能形成粗糙外观的颗粒效果，而顶层则填充可表现粗花呢面料的图案，外套构成层次如图4-9-3所示。

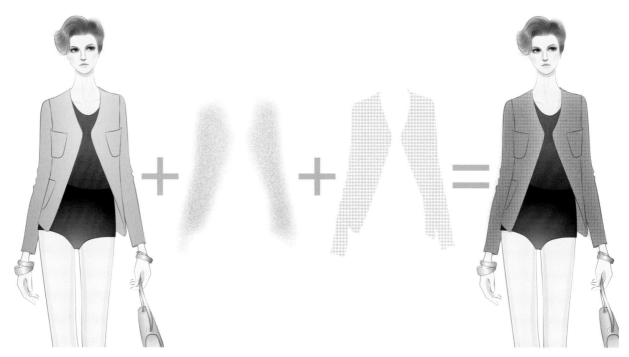

图4-9-3　外套构成层次

（2）下面将中间层和顶层对象的具体操作叙述如下。选中中间层次的外套路径，在"对象"菜单下执行"路径/偏移路径"操作，在弹出的"偏移路径"对话框中设置位移为"2 mm"，然后执行"效果"菜单下"风格化/羽化"操作，最后对羽化后的路径执行"效果"菜单下的"纹理/颗粒"操作，选择颗粒类型为"常规"，适当调整强度和对比度的参数，设置混合模式为"正片叠底"，降低该路径的不透明度，如图4-9-4所示。

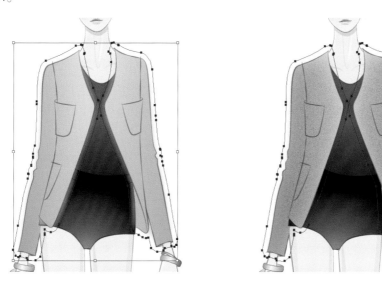

图4-9-4　对中间层的对象执行"颗粒"操作

（3）选中顶层的外套路径，填充"色板面板"左下角"色板库菜单"中的"图案／装饰＿古典／犬牙花纹"图案；随后对所填充的图案执行缩放，单击"对象"菜单下的"变换／缩放"，在弹出的"比例缩放"对话框中，设置等比的比例缩放为"30%"，取消对"对象"的勾选，选择只对"图案"缩放，并在"透明度面板"中设置其混合模式为"正片叠底"，降低不透明度，如图4-9-5所示。

图4-9-5　对顶层的对象填充"犬牙花纹"图案

四、绘制外套细节

（1）接下来绘制门襟、袖口和口袋的饰边。设置"填色"为无，"描边"为深褐色，使用"钢笔工具"画出如图4-9-6所示的基本形状，在控制栏中的"变量宽度配置文件"下拉选框中选择"宽度配置文件5"选项，并执行"编组"操作；随后按住 Alt 键拖动所选路径进行移动复制、旋转，并为对象更改较浅颜色，最终形成如图4-9-6所示图形。

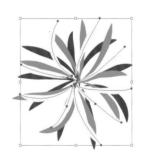

图4-9-6　绘制门襟、袖口和口袋的饰边步骤1

（2）选中以上所有路径作为建立饰边画笔的一个单元拖入"画笔面板"，在弹出的"新建画笔"对话框中选择新画笔类型为"散点画笔"，在随即弹出的"散点画笔选项"对话框中调整大小、间距和旋转的参数；选中新建画笔，使用"画笔工具"在"外套"层上画出领口、门襟、袖口和袋口等边缘处的路径，如图4-9-7所示。

图 4-9-7　绘制门襟、袖口和口袋的饰边步骤 2　　　　图 4-9-8　表现外套明暗效果与褶皱

（3）表现外套明暗效果与褶皱。设置"描边"为无，"填色"为白色到浅棕色的线性渐变，使用"钢笔工具"画出肩部、衣袖、下摆等较暗部位的路径，并设置混合模式为"正片叠底"，保持上述设置，绘制出袖肘处的褶皱；最后设置"描边"为白色，"填色"为无，使用"画笔工具"画出衣袖等处的高光，并对所绘路径执行"羽化"操作，如图 4-9-8 所示。

（4）接下来绘制扣子，在画板空白处，按图 4-9-9 的顺序，先后使用"圆角矩形工具"和"椭圆工具"绘制如图所示的图形。

（5）选中所有对象，在"路径查找器面板"中执行"联集"操作；先后按"Ctrl+C"键和"Ctrl+B"键执行"复制"和"粘贴在后面"操作，再将贴在下层的对象向外拖曳，设置该对象的"描边"为无、"填色"为棕色，混合模式为"正片叠底"，来表现扣子所形成的阴影，如图 4-9-10 所示。图 4-9-11 是将扣子复制、粘贴到门襟上的效果。

图 4-9-9　绘制扣子步骤 1

图 4-9-10　绘制扣子步骤 2　　　　　　　图 4-9-11　将扣子复制、粘贴到门襟上

五、绘制亮片短裤

在"短裤"层选中短裤路径，先后按"Ctrl+C"键和"Ctrl+F"键对短裤路径执行"复制"和"贴在前面"操作，然后对贴在前面的路径执行"效果"菜单下的"纹理 / 颗粒"操作，选择颗粒类型为"强反差"，适当调整强度和对比度的参数；设置"描边"为无，"填色"为白色到黑色的线性渐变，绘制短裤左右两侧阴影的形状，使用"渐变工具"调整渐变的方向和程度，设置混合模式为"正片叠底"；最后，设置"描边"为无，"填色"为白色，使用"椭圆工具"在短裤上画出若干透明度不同的白色亮片，在亮度上形成鲜明的层次，如图 4-9-12 所示。

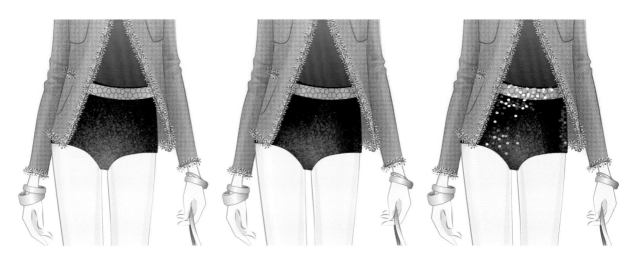

图 4-9-12   绘制亮片短裤的步骤

六、绘制上衣与配饰

设置"填色"为无，"描边"为棕色，在"上衣"层上使用"画笔工具"画出上衣的阴影和褶痕，再将"描边"颜色改为白色，使用"画笔工具"画出领口、胸部和褶痕处较亮的地方，以增强明暗的对比。"配饰"层上的包与鞋的质感是分别应用了"效果"菜单下"纹理 / 龟裂缝"及"颗粒"的效果，最后画出包、鞋及手镯的高光部分，完成效果图的绘制，如图 4-9-13 所示。图 4-9-14 是其他粗纺面料效果图例。

图 4-9-13　补充上衣与配饰细节，完成效果图的绘制　　　　图 4-9-14　其他粗纺面料效果图例

第十节　羽绒服效果图绘制技法

羽绒服是内充羽绒填料的服装，具有蓬松、轻柔又圆润的外观，独特的绗缝工艺不仅可以固定填充料，也可为羽绒服增加美感，使羽绒服表面呈现格状的半立体感，表现绗缝羽绒服的质感就要着重刻画因绗缝产生的立体感。

一、绘制服装线稿

将人体动态复制、粘贴入新建文件的画板中央，在"人体"层之上创建若干新图层，把这些图层从上至下分别命名为"服装线稿"、"腰带"、"羽绒服衣纹"、"羽绒服阴影"、"羽绒服颜色"（由于用于表现羽绒服质感的对象较多，故创建三个相关图层）、"裙子"、"鞋与袜"、"人体阴影"层，使用"画笔工具"在"服装线稿"层上绘制线稿，如图 4-10-1 所示。

二、填充服装与配饰颜色

分别在"羽绒服颜色"和"裙子"层上绘制出羽绒服和裙子的外轮廓路径，填充无描边的白色到灰色的线性渐变，在"鞋与袜"层绘制出鞋子与袜子的路径，并填充对应的渐变色，如图 4-10-2 所示。

图 4-10-1　绘制服装线稿

图 4-10-2　填充服装与配饰的颜色

三、表现羽绒服质感

（1）羽绒服饱满的体积感需要借助每一格的明暗关系来体现。设置"描边"为无，"填色"为白色到灰色的线性渐变，在"羽绒服阴影"层上使用"钢笔工具"画出其中一格的阴影路径，利用"渐变工具"对方向及程度加以调整，在设置混合模式为"正片叠底"之后呈现渐隐的过渡效果；至于其他格中的阴影，可以用已绘制的阴影路径复制、粘贴，并适当修改形状与不透明度，如图4-10-3所示。

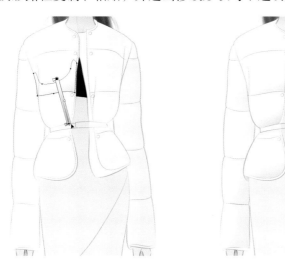

图4-10-3　绘制羽绒服阴影

（2）保持上述设置，画出腋下与衣袖上的阴影，并对其稍作羽化；再用"画笔工具"在"羽绒服衣纹"层上画出羽绒服上的白色衣纹，如图4-10-4所示。

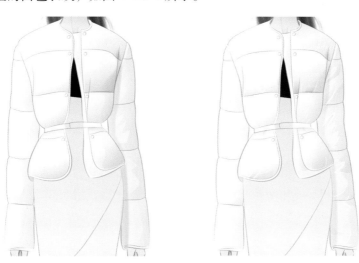

图4-10-4　绘制羽绒服衣纹

四、绘制条纹裙

（1）条纹裙上的条纹既要排列有序，又需顺应身体的形态与转折，但如果一根一根地绘制则需要相当大的工作量，可以采取混合对象的方式来解决这个问题。首先使用"画笔工具"在"裙子"层上绘制出左右两条条纹，同时选中它们，先后执行"对象"菜单下的"混合/建立"与"混合/扩展"操作，即可得到多条既有序又符合身体曲线的条纹（经"扩展"操作后的路径锚点可单独进行调整）；最后用"画笔工具"补充好右侧缺失的条纹，如图4-10-5所示。

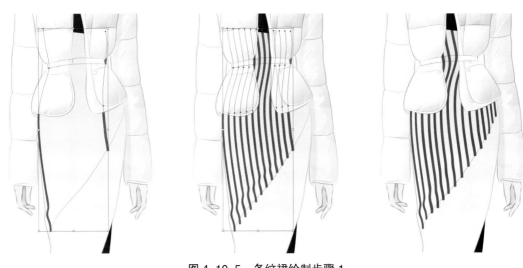

图 4-10-5　条纹裙绘制步骤 1

（2）按照上述方法，画出裙子上的所有条纹。最后设置"描边"为无，"填色"为白色至灰色的线性渐变，使用"钢笔工具"绘制胸部、腹部及裙摆等处的阴影路径，分别进行"羽化"，设置混合模式为"正片叠底"，如图 4-10-6 所示。

图 4-10-6　条纹裙绘制步骤 2

五、绘制配饰

（1）在"腰带"层上使用"钢笔工具"绘制腰带的路径，填充相应的渐变色，并使用"椭圆工具"画出腰带上的扣眼；羽绒服拉链的绘制非常简单，设置"描边"为灰色，"填色"为无，在羽绒服门襟处使用"钢笔"工具绘制一条路径，然后在"描边面板"上设置该路径描边粗细为"1.5 pt"，勾选"虚线"前的选框，设置虚线为"1 pt"，间隙为"1.2 pt"（参数供参考），如图4-10-7所示。

图4-10-7　绘制腰带与拉链

（2）拉链头的构成比较复杂，可以把拉链头分为四个部分，分别以A、B、C、D表示。A部分，绘制一半的开放路径进行复制、粘贴，再双击"镜像工具"，在对话框内设置轴为"垂直"、角度为"90°"，将两个路径对齐后连接上下两对作为端点的锚点，则完成整个路径；B部分，使用"圆角矩形工具"绘制；C部分，使用"圆角矩形工具"绘制一大一小两个圆角矩形，在完成"水平居中对齐"后，利用"路径查找器面板"中的"减去顶层"操作减去顶层形状，再绘制一个矩形，使用"路径查找器面板"中的"联集"与前一对象合并；D部分的操作与C部分相似，最后把四部分组合在一起并"编组"，再移至拉链底端，适当调整大小和描边粗细，如图4-10-8所示。

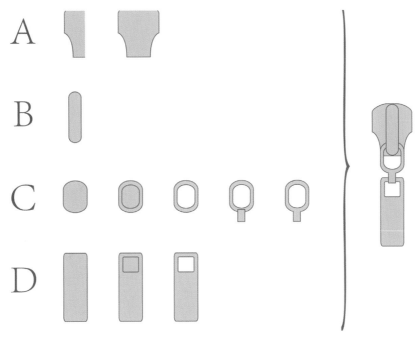

图4-10-8　绘制拉链头

（3）最后使用"画笔工具"在"鞋与袜"层绘制袜子的褶皱与阴影，完善鞋带的细节与高光，在"人体阴影"层上绘制出因衣袖的覆盖而对手腕产生的阴影，完成效果图的绘制，如图4-10-9所示。图4-10-10是其他羽绒服效果图例。

图 4-10-9　完成羽绒服效果图的绘制　　　　　　　图 4-10-10　羽绒服效果图例

第十一节 珠绣礼服效果图绘制技法

礼服工艺的精湛程度通常是衡量礼服品质的重要因素，珠绣则是礼服工艺中最常使用的一种形式，珠绣礼服拥有炫目的光泽、奢华的外观和高贵的气质，珠绣礼服效果图的表现重点在于各种珠粒的制作和排列效果。

一、绘制服装线稿

将人体动态复制、粘贴入新建文档的画板中央，在"人体"层之上创建若干新图层，从上至下分别命名为"云层"、"服装线稿"、"珠绣图案"、"礼服裙"、"裘皮披风"和"人体阴影"层，在"人体"层下面创建一个新图层，命名为"背景"，在"服装线稿"层上使用"画笔工具"绘制出线稿，如图4-11-1所示。

图 4-11-1 绘制服装线稿

二、填充服装颜色

（1）在"礼服裙"层上使用"钢笔工具"绘制出裙子的路径，填充白色到灰色的线性渐变，在"透明度面板"中降低路径的不透明度，使裙子呈现若隐若现的效果；然后在"裘皮披风"层上绘制出左侧披风的路径，填充白色到浅灰色的线性渐变，如图 4-11-2 所示。

图 4-11-2 用渐变色填充礼服裙和左侧披风颜色

（2）选中左侧披风的路径，先后按"Ctrl+C"键和"Ctrl+B"键执行"复制"与"贴在后面"，对贴在后面的路径执行"对象"菜单中的"路径/偏移路径"操作，在弹出的"位移路径"对话框中将位移参数设置为"7 mm"，使贴在后面的披风轮廓增大，再对其执行"羽化"操作，羽化值设置为"15 mm"，表达裘皮蓬松的质感，如图 4-11-3 所示。

（3）使用"钢笔工具"绘制出右侧披风的路径，按照前述方法表现出右侧披风朦胧虚无的轮廓，如图 4-11-4 所示。

三、表现珠绣效果

（1）首先在"礼服裙"层上使用"画笔工具"画出裙子的明暗效果和裙摆处的衣纹，如图 4-11-5 所示。

图 4-11-3　对左侧披风路径执行"偏移路径"和"羽化"操作

图 4-11-4　按照前述方法绘制右侧披风

图 4-11-5　表现礼服裙的明暗效果与衣纹

（2）设置"描边"为无，"填色"为浅灰色，在画板空白处使用"钢笔工具"绘制出六棱形珠粒的形状；复制该形状，按"Ctrl+B"键执行"贴在后面"，并向外拖出后面的形状，填充更深一些的灰色作为珠粒的阴影，设置其混合模式为"正片叠底"，将前后两个形状编组，如图 4-11-6 所示。

图 4-11-6　绘制六棱形珠粒

（3）复制编组后的形状，在"珠绣图案"层的裙身上粘贴若干次，将粘贴出的形状分别旋转，使珠子的方向不尽相同，并将调整后的形状全部选中再次编组。复制第二次编组后的形状，在裙身上进行粘贴，并对贴出的形状分别旋转或删减，在裙身上形成疏密有度的分布，如图 4-11-7 所示。

图 4-11-7 在裙身上复制、粘贴六棱形珠粒

（4）按照绘制六棱形珠粒的方法再绘制一组圆形珠粒，把圆形珠粒经过编组复制后多次粘贴在裙身上，并随机选其中一些圆形珠粒进行缩放，使珠绣效果更加丰富细腻，如图 4-11-8 所示。

四、表现裘皮披风质感

由于效果图的刻画重点为礼服的珠绣效果，因此裘皮质感的表现不必写实详尽，只需表现其体积感即可。设置"填色"为无，"描边"为灰色，在"裘皮披风"层上使用"画笔工具"绘制出披风的阴影，再将"填色"改为白色，画出披风边缘处的反光，如图 4-11-9 所示。

五、绘制背景与云层效果

（1）设置"描边"为无，"填色"为蓝灰色，使用"矩形工具"在"背景"层上绘制一个矩形作为背景，使用"网格工具"对矩形添加若干网格点，使用"直接选择工具"逐一选中每一个网格点，双击"填色"设置每一个网格点的颜色，背景完成效果如图 4-11-10 所示。

（2）在"云层"层上，使用"椭圆工具"在裙摆处绘制一个浅蓝色的椭圆形，对其执行"羽化"操作，羽化半径设置在"30 mm"左右，并适当降低其不透明度。复制羽化过的椭圆形，在整个画面下方的不同

图 4-11-8　在裙身上增添圆形珠粒

图 4-11-9　表现裘皮披风质感

位置反复粘贴，使衣裙下摆如烟雾缭绕般若隐若现，如图 4-11-11 所示。

（3）最后在"人体阴影"层上绘制出由于服装遮盖而产生的阴影与高光，并整体调整画面，完成效果图的绘制，如图 4-11-12 所示。图 4-11-13 和图 4-11-14 是另两款礼服效果图例，前者裙身所绣图案的表现方法与本节讲述的珠粒绘制方法近似，是通过对基本形状经过复制、粘贴形成复杂的排列组合；后者的珠绣图案则概括地用画笔工具直接画出。

图 4-11-10　使用"网格工具"绘制背景

图 4-11-11　通过对椭圆形的羽化与反复粘贴
　　　　　　表现云层朦胧效果

图 4-11-12　完成效果图的绘制

图 4-11-13　珠绣礼服效果图例 1

图 4-11-14　珠绣礼服效果图例 2

作业：

1. 掌握绘制服装效果图的基本步骤,掌握"对齐面板"、"路径查找器面板"和"描边面板"的基本操作。

2. 掌握表现雪纺、皮草、针织、蕾丝、牛仔等面料质感的方法,掌握表现纽扣、拉链、珠片等辅料的方法。

3. 结合所掌握的步骤和方法,利用之前完成的人体动态,绘制 6 幅不同面料的男女装效果图,要求造型美观、款式时尚、面料质感逼真。

Adobe Illustrator 服装画赏析

服装画和服装效果图之间有必然的联系，也存在着明显差异。服装效果图更倾向于准确具体地表达服装的款式、色彩和质地，而服装画的表现形式可以是多元化的，它是绘画者情感和个性宣泄的一种载体，因此必定体现着强烈的个人风格。Adobe Illustrator CS6 软件因其拥有丰富的画笔库菜单和效果菜单，为服装画的创作提供了一个广阔平台，任由绘画者们展现迥异的个性和风格。

第一节　手稿风格

服装设计师除需具备扎实的服装绘画功底之外，在工作中也必须考虑绘图效率。应用于设计工作中的服装效果图，也可称之为服装设计手稿，它是衔接设计与制版的桥梁，因此手稿必须具备比例合理、结构完整、细节明确等要素，除此之外的其他细节可以省略。

如图 5-1-1 所示，建立诸如"服装线稿"、"阴影"、"服装颜色"和"人体"等几个图层，在"服装线稿"层中画出线稿，在"服装颜色"层中使用"钢笔工具"分别绘制外套、鞋袜的路径,填充对应的颜色,最后在"阴影"层上使用"画笔"工具简单概括地画出人体、头发与服装的阴影。

图 5-1-1　手稿风格服装画例 1

如图 5-1-2 所示，该图例与前者不同之处在于裤子图案需使用"建立剪切蒙版"的方法完成对面料素材的填充，毛衣的纹路则需填充"色板库菜单"中的"图案 / 装饰 / 装饰旧版 / 鱼脊形双色"，并借助"编辑"菜单下的"重新着色图稿"与"透明度面板"中的"滤色"操作完成。

图 5-1-2　手稿风格服装画例 2

有时，在绘制服装画的同时，需要附加上对应的款式图，以便更详细地说明服装的款式和细节。图 5-1-3 展示了一款连衣裙的手稿风格服装画的绘画步骤，先使用"画笔工具"绘制线稿，再在下一图层使用"钢笔工具"勾画出连衣裙的封闭路径并填充颜色，最后补充阴影效果。

绘制与连衣裙相对应的款式图时，可以利用款式图人体模板作为比例参照物。具体步骤是先绘制出左半侧连衣裙轮廓的开放路径。然后，按住 Alt 键移动复制至右半侧，使用"直接选择工具"分别连接左右领围线和左右下摆线的端点，把连衣裙的轮廓连接成闭合路径。其次，设置"填色"为无，"描边"为黑色，绘制连衣裙的结构线。再次，设置"默认填色和描边"绘制腰带和衣扣，如图 5-1-4 所示（使用 Adobe Illustrator 绘制服装款式图的步骤与方法，在《服装款式图绘制技法》一书中有更详细的介绍）。最后，把完成的正背面款式图粘贴到款式图上，调整好版式布局，如图 5-1-5 所示。

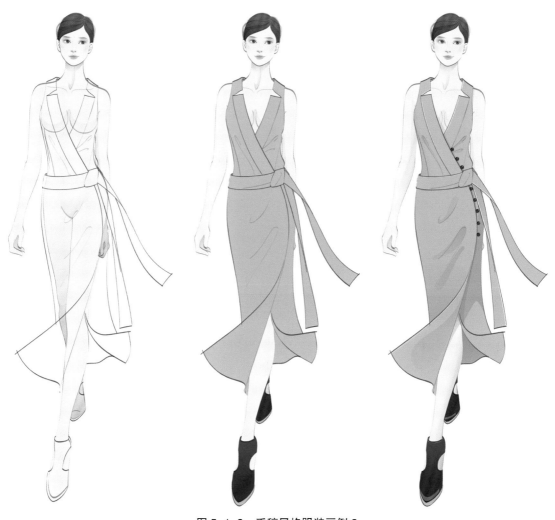

图 5-1-3　手稿风格服装画例 3

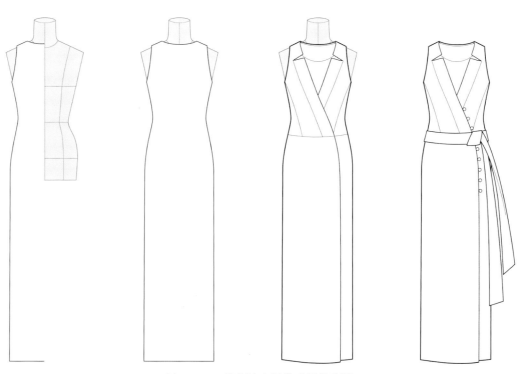

图 5-1-4　绘制连衣裙款式图的步骤

图 5-1-5　服装画附加款式图的完成稿

第二节 写意风格

　　写意风格是另一种简化与省略，它的表达重在意而不在形，用概括的形式来描述人体动态与服装，会形成独特、有趣的视觉观感。但在绘画时务必抓住人体动态的重点，将那些用以支撑人体重心的必要线条予以保留，繁琐的服装细节则可大胆省略，留白的地方反而可以给人留下想象的空间。

　　图5-2-1所示写意风格服装画，使用"画笔面板"左下角"画笔库菜单"中的"艺术效果_画笔/干画笔5"画出人体一侧的轮廓，巧妙结合"艺术效果_画笔/速绘画笔3"和"水彩_厚重"画笔画出皮肤和服装。

图5-2-1 写意风格服装画例1

　　图 5-2-2 所示写意风格服装画，用寥寥数笔勾勒出人体轮廓，使用"艺术效果_水彩/水彩描边 3"画笔涂抹服装，并对裙摆进行"羽化"，整幅画作既有线面对比，也有虚实差别，视觉效果在简洁中富有变化，此外，在调整描边粗细的过程中还能够体会到随机的巧合之趣。

图 5-2-2　写意风格服装画例 2

第三节　水墨与水彩风格

水墨画常被视为中国传统绘画的典型形式，用墨的深浅浓淡来表达古朴、淡雅的韵味。传统水墨画的媒介是墨，而 Adobe Illustrator CS6 也在画笔库中提供了各类"水彩"和"油墨"画笔，利用这些画笔也能模仿出与墨相似的效果。

图 5-3-1 所示的水墨风格服装画，使用描边粗细不同的"艺术效果_油墨／粗糙"画笔画出人体与服装轮廓，服装上浅淡的墨色则用"艺术效果_油墨／油墨滴"画笔画出。

图 5-3-1　水墨风格服装画

　　图 5-3-2 所示水彩风格服装画，绘制图中服装效果所使用的画笔是"艺术效果_水彩"中的各种水彩画笔，首先画出线稿，然后在线稿层之下的图层上使用各种水彩画笔画出服装、身体及头发，调整描边粗细以适应轮廓，并通过降低不透明度的方法表现笔触深浅，使画面虚实有致，粗犷之中见细节。

图 5-3-2　水彩风格服装画

第四节　插画风格

插画的范围非常广泛，它既是文字的有利补充，同时也是用来传达作者意识、表现气氛、情感或意境的媒介，由于插画带有作者强烈的主观意识，因此它的形式多样，审美标准也具有多元化的特征。时装插画，既可以是为特定对象绘制的宣传广告，也可以成为表达作者内心情感的载体，我们在此选择几种不同风格的插画作品予以介绍。

图 5-4-1 所示插画风格服装画的特点是背景、衣物全部填充同一黑白图案，只是方向与角度有所不同，从而产生变幻莫测的密集效果，具有强烈的视觉冲击力。

图 5-4-1　插画风格服装画例 1

　　图 5-4-2 所示插画风格服装画的背景借助"网格工具"绘制，背景颜色与裙子衔接自然，使裙摆产生虚实难辨的梦幻意境。

图 5-4-2　插画风格服装画例 2

　　图 5-4-3、图 5-4-4 风格相近，使用了相似的手法，头发层次和皮肤细腻的过渡既可以利用"网格工具"精心绘制而成，也可以使用"钢笔工具"勾画出每一个阴影，分别执行"羽化"操作，柔和朦胧的背景是在填充好颜色的背景上复制、粘贴多个经羽化过的白色椭圆形叠加而成。

图 5-4-3　插画风格服装画例 3

图 5-4-4　插画风格服装画例 4

  图 5-4-5 画面中的人物皮肤具有透明质感，不仅将填充肤色后的路径进行"羽化"，并降低皮肤的不透明度，而且在面部及肩颈边缘用"画笔工具"画出白色的高光，更显晶莹剔透。花的绘制是通过对同一片花瓣的多次粘贴之后，修改、缩放花瓣形状及旋转花瓣方向实现的。

图 5-4-5　插画风格服装画例 5

  图 5-4-6 插画服装画中的衣服、头纱和袜子分别填充了"色板库菜单"所提供的"图案 / 自然 _ 动物皮 / 斑马"与"图案 / 基本图形 _ 线条"图案。

图 5-4-6 插画风格服装画例 6

作业：

1. 了解多种服装画的艺术风格及表现手法，尝试发掘自己喜爱并擅长的绘画风格。

2. 绘制两幅风格鲜明的服装画，类型与风格不限。

参考文献

[1] 王钧. Photoshop CS & Painter IX 实用时装画[M]. 北京：中国纺织出版社，2005.

[2] 贺景卫，黄莹. 电脑时装画教程[M]. 沈阳：辽宁科学技术出版社，2006.

[3] 贺景卫，黄莹. Illustrator & Photoshop 实用服饰图案[M]. 北京：中国纺织出版社，2007.

[4] 温馨工作室. 中文版 Photoshop CS3 现代服装表现技法[M]. 北京：科学出版社，2008.

[5] 高亦文，孙有霞. 服装款式图绘制技法[M]. 上海：东华大学出版社，2013.